孟令玮 编著

# 不畏浮世
# 心有自励

XINYOU ZILI
BUWEI FUSHI

人生是一场无休、无歇、无情的战斗，
凡是要做个够得上称为人的人，
都得时时向无形的敌人作战。
——罗曼·罗兰

煤炭工业出版社
·北京·

### 图书在版编目（CIP）数据

心有自励，不畏浮世/孟令玮编著．－－北京：煤炭工业出版社，2018（2022.1 重印）
ISBN 978－7－5020－6464－8

Ⅰ．①心… Ⅱ．①孟… Ⅲ．①成功心理—通俗读物
Ⅳ．①B848.4－49

中国版本图书馆 CIP 数据核字（2018）第 015388 号

## 心有自励　不畏浮世

| 编　　著 | 孟令玮 |
|---|---|
| 责任编辑 | 马明仁 |
| 编　　辑 | 郭浩亮 |
| 封面设计 | 浩　天 |
| 出版发行 | 煤炭工业出版社（北京市朝阳区芍药居 35 号　100029） |
| 电　　话 | 010－84657898（总编室） |
|  | 010－64018321（发行部）　010－84657880（读者服务部） |
| 电子信箱 | cciph612@126.com |
| 网　　址 | www.cciph.com.cn |
| 印　　刷 | 三河市众誉天成印务有限公司 |
| 经　　销 | 全国新华书店 |
| 开　　本 | 880mm×1230mm 1/32　印张　7 1/2　字数　150 千字 |
| 版　　次 | 2018 年 1 月第 1 版　2022 年 1 月第 4 次印刷 |
| 社内编号 | 9344　　　　　定价　38.80 元 |

**版权所有　违者必究**
本书如有缺页、倒页、脱页等质量问题，本社负责调换，电话：010－84657880

# 前 言

居里夫人是全世界女性的骄傲。她曾经说过："我从来不曾有过幸运，将来也永远不指望幸运，我的最高原则是：无论对任何困难都绝不屈服！"

人生在世，谁都可能经历一些苦难，苦难并不可怕。勇敢地面对现实，客观地对待苦难，以百折不挠的精神去战胜苦难，是成功人士不可缺少的素质。

生活对于任何一个人来说都不是一帆风顺的，面对挫折，我们要有勇气接受并且战胜它。如果你还在为自己的怯懦找借口，你就会一点点地丧失信心，最后只能接受失败的现实。当你做一件事情的时候，当你面对困难的时候，一定要全力以赴地去战胜它，完成它。当你经过自己的努力走过这段坎坷的道路时，你就会发觉自己是多么伟大，你的意志也将越来越强。

　　每个人都有经历失败打击和生活磨难而痛苦的时候，关键在于你怎样去对待。是逃避还是面对？是倒下还是更坚强地站起？倒下了，也许你就再也不能起来；站起了，也许你会站得更高，走得更远。

　　任何一种成功都不是唾手可得的，赢取成功是需要付出巨大的代价的。其中，失败给人内心带来的打击无疑是最致命的。但这又是每个想要赢取成功的人都必须承受的。所以，学会自励，能在失败与挫折中磨炼出一颗坚强的心，是每个渴望成功的人必备的要素。

　　阅读此书，可以帮你增强挫折免疫力，抵御挫折，从挫折中站起来。愿每个人都能在竞争激烈的社会中站稳脚跟，在与困难与挫折的战斗中赢取最后的胜利！

# 目 录

|第一章|

## 放下心灵的尘垢

做思想的主人 / 3

自制力的神奇力量 / 9

用思维打造积极人生 / 14

把从前忘掉才能走得更远 / 19

扫除心灵的尘垢 / 26

|第二章|

## 善待自己

善待自己 / 31

塑造一个最好的"我" / 35

练就百折不挠的精神 / 41

做最好的自己 / 46

|第三章|

# 心有乐观，不畏浮世

态度的力量 / 53

心态决定命运 / 58

宽心待事 / 62

拥抱不幸 / 65

接受不可改变的事实 / 70

不要抱怨生活 / 75

|第四章|

## 其实你很棒

自卑的代价 / 83

克服性格上的弱点 / 88

战胜自己 / 94

不因自身的缺陷而看不起自己 / 99

其实你很棒 / 106

克服自卑 / 112

## 目录

|第五章|

# 不畏挑战

胜利就是向自己挑战 / 121

克服内心的恐惧 / 127

绝不向困难低头 / 132

勇敢地迎接挑战 / 137

正确对待失败 / 144

|第六章|

## 不轻言放弃

不轻言放弃 / 153

坚持的力量 / 158

练就恒心 / 163

坚韧不拔 / 169

坚持，没有不可能 / 174

做个坚持的人 / 178

## |第七章|
## 付出才会有回报

消除自身的惰性 / 185

告别懒惰 / 191

天才即是无止境的勤奋 / 199

付出才有回报 / 204

|第八章|

## 走自己的路

依赖是生命的束缚 / 211

抛开依赖的扶手 / 216

自力更生 / 219

自己路自己来设计 / 224

第一章

放下心灵的尘垢

## 第一章　放下心灵的尘垢

## 做思想的主人

> 许多人都懂得要做思想的主人这个道理，但遇到具体问题时就总是知难而退："控制情绪实在是太难了"，言下之意就是："我是无法控制情绪的"。别小看这些自我否定的话，这是一种严重的不良暗示，它真的可以毁灭你的意志，丧失战胜自我的决心。

工作在人的一生中不但占据着重要位置，而且占有很多时间。如何看待工作，这是每个人必须要面对的问题，而对这个问题的认识和处理是否得当，将对一个人的人生产生重大影响。从我们踏入社会做第一份工作起，每天有三分之一时间在工作，一直到退休，大概有35年时间，有些人甚至时间更长。如果以平均寿命70岁计算，35年占到了整个生命的一半时间，而且这35年是我们一生中最美好的年华,包括了最富激情、最具创造力的青春岁月和春华秋实、成熟练达的中年时光。

我国著名的物理学家华罗庚教授是个喜欢熬夜的人,因为在寂静的晚上他的思维会更加活跃。有一天深夜,他去实验室拿东西,进去以后他看见有个学生仍在实验台前工作。

教授关心地问道:"这么晚了,你在做什么?"

这位学生回答:"我在工作。"

学生期望着教授对他勤奋表现的赞许。

可是教授接下来竟然问道:"那你白天做什么了?"

"我也在工作啊!"学生不知道教授为何如此问他。

"那么,你整天都在工作吗?"

"是的,老师。"

而教授却顿了一下,说:"你很勤奋,你的精神是可喜的。但我想提醒你的是,你有没有时间来思考呢?"

一句话说得这位学生顿时无语,良久,他才低下头喃喃地说:"我只顾埋头苦干,却忘了思考才是更重要的。"

思考是行动的灯塔。思考就像播种,行动好比果实,播种越勤,收获也越丰。没有经过思考而进行的行动只能是鲁莽行

## 第一章 放下心灵的尘垢

事，而经过深思熟虑之后才进行的行动才是真正可行的举动。一次深思熟虑，胜过百次草率行动。一天周到的思考，胜过百天无谓的徒劳。而凡事不懂得思考的人往往会走弯路，甚至走向歧途，人失去了思考就如同水断了源头，最后就会枯竭。

下面这个例子就很好地说明了不善于思考的严重后果。

这个故事发生在一处紧邻原始森林的一个小村庄，有一户人家的太太因难产而死，留下一个孩子。这家的男主人因为忙于生活，无暇照看孩子。他听说别的地方有只狗聪明到能照顾小孩，甚至给孩子喂奶、保护孩子，于是，这个男主人千方百计地花高价把这只狗买了过来，专门照顾自己的孩子。这只狗真的很聪明，而且极通人性，把孩子照顾得比人还要好。因此，主人极其疼爱这只狗。

有一天，主人出了远门，结果第二天因为大雪没能回家，他想狗在家里照顾孩子就很放心。结果第二天赶回家时，他没有见到狗像往常那样立刻叫着出来迎接主人，他感到有什么事情发生了。他把房门打开一看，到处是血，孩子不见了，床上满是血，狗也浑身是血。主人发现这种情形，以为狗兽性发作，把孩子吃掉了。他懊恼至极，狂怒之下，拿起刀来向着狗头一劈,把狗杀死了。

随后,他突然听到孩子的哭声,孩子正从床底向外爬,于是他抱起孩子看,虽然身上有血,但并未受伤。他很奇怪,不知究竟是怎么一回事,再看看狗身上浑身是伤,屁股上、腿上的肉都缺了几块,床底下有一只死狼,口里还咬着狗的肉。原来,狗救了小主人,却被主人误杀。

之后,男主人十分痛心,他想不到自己一时的大意竟然错杀了自己的爱狗。为了表达对这只忠诚的狗的怀念,他在狗的墓碑上刻下了这么一行字:"只有思考不会让你失去更多。"

都说狗是很通人性的动物,但是这种情况下竟然死在人的手里,实在是一种悲哀。但是,我们在惋惜这只懂事的狗时,好像更应该清楚悲剧的根源所在,那就是男主人没有动脑子思考,在鲁莽的情况下犯了永不可挽回的错误。

爱因斯坦说:"要善于思考、思考、再思考,我就是靠这个学习方法成为科学家的。"许多科学家之所以能够发明创造出新的东西,就在于他们懂得思考的重要性,并在实际行动中时时不忘记思考。

学习离不开思考,创造发明更是离不开思考,没有思考,世界就不会诞生爱迪生等伟大的发明家,世界也不会因他们的发明而走向更加文明发达的时代。

相传，古希腊的佛里几亚国王葛第士在战车的辕辘上打了一串结，之后预言:谁能打开这个结，就可以征服亚洲。人们不知道国王到底有何用意，因此谁也不敢去打开，而且看那疙疙瘩瘩的结，人们都觉得很难打开。直到公元前334年，还没有一个人能够成功地将绳结打开。这时，亚历山大率军入侵小亚细亚，他听说有国王有一个绳结任何人都不曾打开；于是，他来到葛第士绳结之前，看到这个结确实打得很不寻常，但是他转念一想，便有了办法，他拔剑砍断了绳结——国王没有说这样不算是打开了绳结。后来，他果然一举占领了比希腊大50倍的波斯帝国。

可以讲，许多有意义的构想和计划都是出自思考，而且思考得越痛苦，收益就会越大。一个不善于思考难题的人，会遇到许多取舍不定的问题；相反，正确的思考能产生巨大作用，可以决定一个人应该采取什么样的行动。

思考，它使我们从迷茫中走出，它让我们在困境中寻找更好的解决方法，它使我们变得聪明起来，它教我们如何调整自己，如何趋利避害，如何发现机遇，找到出路，它使我们减少行动的盲目性，使我们具有先见之明。因此每个人都要养成积极思考的习惯,因为,只有深思熟虑,才能胸有成竹。

曾经有位记者问比尔·盖茨:"你成为当今世界首富,你成功的秘诀是什么?"

比尔·盖茨明确地回答:"思考,时刻不忘记思考。"

第一章　放下心灵的尘垢

## 自制力的神奇力量

> 如果在任何情况下，你都沉着、坚定、稳重，这说明你是一个沉着老练，遇事不慌，自信，临危不乱，自制力很强的人。这是你成功的内在因素。

意志是完全属于我们自己的东西。无论是谁，如果丧失了自制力，也就丧失了灵魂。每个人千万不可像蜜蜂那样，"把整个生活拼在不顾一切的乱蜇中。"我们要用自制力来克服自己的坏习惯和不该有的惰性。

不知从何时起，人们开始了关于对意志问题的讨论，不管逻辑学大师们能从理论上得出什么样的结论，但在实践中，每个人都会深切地体会到，它会在责任与放任之间进行自由选择。我们的意志是自由的，并且我们也切实地感觉到自己的意志没有被魔力迷住，没有让魔力牵着鼻子走。否则，我们就不可能正确地思考问题，将会失去自制力，会对自我放任束手无策，那么，所有良好的愿望都会化为泡影，无法实现。

查理·华德出身贫寒。他在读小学时，曾在西雅图滨水区靠卖报和擦皮鞋来接济家庭。后来，他成了阿拉斯加一艘货船的船员。17岁时，他于高中毕业后就离开了家，加入了流动工人大军中。

他的同伴都是些倔强的人。他赌博，同下等人——所谓"边缘人物"——混在一起。军事冒险者、逃亡者、走私犯、盗窃犯等一类人都成了他的同伴。他参加了墨西哥庞丘·维拉的武装组织。"你不接近那些人，你就不会参与那些非法活动，"查理·华德说，"我的错误就是同这些不良的伙伴搞在一起。我的主要罪恶就是同坏人纠缠在一起。"

他时常在赌博中赢得大量的钱。然后又输得精光。最后，他因走私药物而被捕，受到审判并被判了刑。

查理·华德进入莱文沃斯监狱时34岁。以前他从未入过狱，尽管他的伙伴很糟。他遭受到磨难，他声言任何监狱都无

## 第一章　放下心灵的尘垢

法牢牢地关住他，他寻找机会越狱。

但此时发生了一个转变，这一转变使查理把消极的心态改变为积极的心态。在他的内心中，有某种东西嘱咐他，要停止敌对行动，变成这所监狱中最好的囚犯。从那一瞬间起，他整个的生命浪潮都流向对他最有利的方向。查理·华德的思想从消极到积极的转变，使他开始掌握自己的命运了。

他改变了好斗的性格，也不再憎恨给他判刑的法官。他决心避免将来重犯这种罪恶。他环视四周，寻找各种方法，以便他在狱中尽可能地过得愉快些。

首先，他向自己提出了几个问题，并在书中找到这些问题的答案。此后，直到他在73岁逝世的日子，他每天都要读书，寻求激励、指导和帮助。

他的行为由于态度的转变而有所不同，因而博取了狱吏的好感。一天，一个刑事书记告诉他，一个原先在电力厂工作的受优待的囚犯将要获释。查理·华德对电懂得不多，但监狱图书馆藏有关于电的书籍，他就借阅了一些。在那位懂得电学的囚犯的帮助下，查理掌握了这门知识。

不久，查理申请在狱中工作，他的举止态度和言谈语调都给副监狱长留下了深刻的印象，从中可以看出，积极的心态所带来的热切和诚恳，他得到了工作。

查理·华德继续用积极的心态从事学习和工作，他成了监狱电力厂的主管人，领导着350个人。他鼓励他们每一个人把自己的境遇改进到最佳的地步。

美国中北部明尼苏达州首府圣保罗市布朗比基罗公司的经理比基罗因被控犯了逃税罪，进入了莱文沃斯监狱，查理·华德对他很友好。实际上，查理已越出了自己的处世范围，他激励比基罗设法适应自己的环境。比基罗先生十分器重查理的友谊和帮助，他在刑期行将届满时告诉查理："你对我十分亲切。你出狱时，请到圣保罗市来，我将给你安排工作。"

查理获释出狱后，就来到了圣保罗市。比基罗先生如约给查理安排了工作，周薪为25美元。查理在两个月之内就成了工头。一年后，他成了一个主管人。最后，查理当了副会长和总经理。比基罗先生逝世时，查理成了公司的董事长。他担任这个职务直到逝世为止。

## 第一章　放下心灵的尘垢

在查理的管理下。布朗比基罗公司每年销售额由不足300万美元上升到5000万美元以上，成了同类公司中的最大的公司。

查理由于怀有积极的心态，极愿帮助那些不幸的人。这样，他本人就得到了平静的心情、幸福、热爱和人生中有价值的东西。根据总统的命令：他恢复了公民的权利，这是用以表彰他那模范性的生活。那些认识他的人对他极为崇敬，他们自身也受到了鼓舞，努力去帮助别人。

查理·华德曾经被判刑入狱。如果他继续往原来的方向奔去，谁知道他会变成什么人啊。他在狱中学会了用积极的心态去解决他的个人问题，终于把他的世界改造成为适合生活的更好的世界，他变成了更有益、更善良的人。

这就是积极心态的力量，这便是意志坚强，这便是拒绝被打败，这也是尽你一生所有的勇敢去面对人生。

所以说，要唤醒自己心中的自制力，不要让自己被次要的计划或无关紧要的事情拉离正确的轨道。我们必须有自我约束的能力，保持头脑不受杂念的干扰，我们必须培养一种把那些对冲向目标没有好处的东西全部挡在外的习惯。也就是说，自我控制，专心致志，是通向成功的必经之路。

## 用思维打造积极人生

我们的命运是我们自己的思维造成的,你有什么样的思维就有什么样的人生,不在于你拥有多少财富,而在于你拥有什么样的思维和想法。你有积极的思维和想法,你就会有美好的人生;相反,则你的人生如同你的思维一样消极而失败。

有一个故事一直以来很有哲理:一位诗人看到家中的牡丹花甚是娇艳,于是采了几朵,送给一位老朋友欣赏,老朋友很开心,就把它们插在花瓶里。隔天,邻居看到牡丹花,惊讶地说:"咦,你的牡丹花怎么每一朵都缺了几片花瓣,这不是富贵不全吗?"

## 第一章　放下心灵的尘垢

　　诗人的朋友也觉得确实不妥，于是，就把牡丹花全部还给诗人，并一五一十地告诉诗人关于富贵不全的事情。诗人忍不住笑说："牡丹花缺了几片花瓣，这不是预示着富贵无边吗？"他听了心花怒放，开心地告辞而去。

　　牡丹花＋富贵不全＝坏心情，而牡丹花＋富贵无边＝好心情，所以就看你把什么同已有的事物和资源相加在一起，要相加的东西具有十分重要的意义，它甚至可以改变事物原先的价值，这就是关联的作用。

　　大多数积极思维的人都将获得成功，也有着美好的人生，这里有一个例子很好地说明了这个道理。很长时间以来，新闻媒介坚持不懈地推测4分钟跑完1英里的可能性，而一般的意见则认为4分钟跑完1英里是不可能达到的极限，因为那是人类本身无法跨越的体能障碍。结果，运动员受到"消极思维的影响"，一直没有人跑出4分钟1英里的成绩。

　　运动员罗格本尼斯特不想受"消极思维的影响"，而总是朝着积极的一面思考。他始终坚信人类完全有可能达到这个极限，于是，他在一次比赛上成功地实现了4分钟跑完1英里的梦想，然后全世界的运动员便开始尝试4分钟内跑完1英里的目标。澳大利亚的约翰兰狄在本尼斯特突破障碍后不到6周，也达到了一次4分钟1英里的成绩。当时，已有500位以上的选手在4分钟内跑完1英里。1973年，在路易斯安那州巴顿罗格地区选择全美田径赛中，有8位运动员同时在4分钟之内跑完1英里。4分钟的障碍几乎是在瞬间突破了，但是那不是由于人类的体能发生了变化，障碍本身是心理上甚至是思维上的障碍，而不是身体上的限制。

我们每天都会看到新闻上报道的车祸事件层出不穷，你会因为这就不敢出门吗？也许有人会说这是个相当荒谬的假设，你会说当然不会，那叫因噎废食。然而，有不少人却说：现在的离婚率那么高，婚外恋那么多，让我都不敢谈恋爱也不敢结婚了。说得还挺理所当然。也有不少女人看到有关的诸多负面报道，就对自己的另一半忧心忡忡，不敢再涉及"婚姻"二字。这不正是消极思维在作怪吗？

而那些思维积极的人呢？他们总是相信：虽然路上车多人多，但我会小心地过马路，这样我就可以避免出现事故；虽然离婚的人那么多，只要我认真经营，就不必担心婚姻的不幸。

然而事实上，人们常常在遇到挫折和不幸时就导致自己眼界狭窄，思维封闭，结果把困境和不幸看得越来越严重，以致被抑郁、烦恼、悲哀或愤怒的情绪压得抬不起头来。由于注意力总是集中在挫折与不幸上，思想和意识就会被一种渗透性的消极因素所困扰，就会把自己的生活看成一连串杂乱无章的结绳，感觉到整个世界都被黑暗、阴谋、艰难所笼罩。其实，这就是含有严重的歪曲成分和夸大程度的消极思维。

我们需要明白的是：我们既不会万事如意，也不会一无所有；既不会完美无缺，也不会一无是处。如果你能随时随地地看到和想到自己生活中的光明一面和美好之处，同时意识到还有很多人遇到的甚至比自己的更严重，那你就能选择控制自己的情绪，保持心理平衡，从某种烦恼和痛苦中解脱出来，并且有可能获得新生，会更加自信而愉快地生活。

积极思维能够激发起我们自身的聪明才智，能够使我们战胜人生的苦难；而消极思维却常常束缚我们拼搏奋斗的手脚，也必然束缚我们才华的发挥。有一首诗对此有着这样的描述：

如果你认为将被击败，那你必定被击败。

如果你认为不敢，那你必然不敢。

如果你想胜利，但你认为你不可能获胜，那么你就不可能得到胜利。

如果你认为你会失败，那你就已经失败。

科林·鲍威尔，牙买加移民的儿子，他从布龙克斯的街巷里走出来，最终成长为参谋长联席会议主席和在美国最受尊敬的人物之一。在他的《我的美国历程》一书中，他列举了30条他严格恪守的生活准则，其中，有不少体现了积极思维的意识，很值得我们借鉴。它们包括：

事情并不是你想象得那么糟，也许明天早晨它会有转机。

不要让不利的事实来妨碍你做出一个好的决定。

不要向恐惧退让，也不要轻易向对手妥协。

永远以积极思维去考虑事情，而不让消极的态度给生活蒙上灰暗。

所以，我们要牢记：积极思维，积极人生。有什么样的思维就有什么样的人生。我们的成与败很大程度上取决于我们思维的高度，尤其是面临挫折和困境时的思维习惯更是关系我们命运的重要因素，所以，修炼你的积极思维吧，从今天开始！

## 把从前忘掉才能走得更远

> 忘掉，是的只是忘掉，忘掉从前那些所有的不快和痛苦，忘掉从前所有的欢快和幸福，唯有忘掉，才能拨开心中所有的牵牵绊绊，才能再试着开始一段崭新的路程。

生活中，我们必须面对现实，接受已经发生的任何一种情况，使自己适应，然后就整个忘了它，继续向前走。

生活有太多的烦恼和不期而遇的种种痛苦，如果一个人在遭遇它们时，只是沉浸在过去的痛苦中，怎么都走不出来，那他就永远失去了生存的勇气。如果总是为以前的失误、过错、挫败而唉声叹气，这样下去只能蹉跎岁月，而永无出头之日。与其沉浸在过去的泥淖中无法自拔，倒不如痛快地忘记过去，以一种新的姿态重新开始自己的构思和行动。争取在最短的时间赢得成功，这样就可以治疗你过去的痛苦。因此，治疗过去痛苦最好的办法不是唉声叹气，而是用新的成功来加以证明。

有一句英国谚语十分经典："不要为打翻的牛奶而哭泣。"牛奶已经不在，与其伤心烦恼，不如重新寻找新的牛奶。活着，不要为已经失去的而难过，每个人都应当接受已经不可挽回的既成事实，忘记过去向前看。这是多年来人类在实践中得到的智慧结晶。莎士比亚对此做了精辟的诠释："明智的人永远不会坐在那里为他们的损失而悲伤，相反他们会很高兴地去找出办法来弥补他们的创伤。"

在芬兰，人人都知道一句话："事情是这样的，就不会是别样。"因为这句话就刻在首都阿姆斯特丹一间15世纪的老教堂上。

它告诉我们的是：对于已经发生的事，与其苦恼，不如忘怀。就如你曾经谈过的一场恋爱，那么刻骨铭心，那么真挚热切，虽然如今已物是人非，但纵然你哭干所有的泪水，那个从前却是再也不会回来了。你也许会哭着问："为什么呢，为什么这么美好却已成过去？"你不明白，也没有人会明白是为什么，但是你想过没有，既然都已成过去，那么再这样苦苦纠缠又有何用呢？倒不如痛痛快快地忘掉它，美好也罢，痛苦也罢，都成了过去，不是吗？而前方也将有新的美好在等着你，不是吗？

把那些旧了或没有用的衣物丢弃，或送给旧衣回收中心吧！塞满家中的旧物品有时和废物没有两样，多留存一件无用的物品，就是多浪费一点儿自我的空间。

堆积在我们脑中的无用想法何尝不是这样？就像洋娃娃脑袋里的填充物，都是无用的草包，为什么不早点儿丢弃呢？

有时候，遗忘，是令人快乐的。

伤害你的那个人，也许是故意和你过不去，但是，被伤了心而一直怀恨的人，却是自己和自己过不去。

许多人因被所爱的人伤害而怀恨在心，想借心中的怨恨把他摒弃于脑海之外。但是满腔的恨意只会使你更想到他，对方也许只伤害我们一次，然而，我们却在心中一而再、反复地想着，好像已经被伤害过上百次似的，整个思维都围绕着那个人。

想想看，他都已经伤害你了，难道还要以念念不忘的方式来凸显他对你的重要性吗？

一位男人对他的朋友说："我太太有着我从未听过的最糟糕记忆力。"

"忘记每一件事?"

"不,她记得每一件事。"

所以,记忆力不好,通常是比较快乐的人。"智慧的艺术,就在于知道什么可以忽略,"心理学先驱威廉·詹姆斯如是说,"天才永远知道可以不把什么放在心上。"

曾看过一段广告,告示游客出门前旅行包里别忘带护照、机票、换洗衣物、相机甚至笔记本,但请一定要忘了带过去的心情、想法、习惯。要空着出走——满满地、新新地回来。

让我举个简单的例子:如果你正在欧洲旅行,在前往巴黎的途中乘船横渡英吉利海峡,那你将很容易遇上汹涌的海浪。一旦你抵达法国后你如果跟过去一样把时间用在诅咒危险的航程上,那么你停留在巴黎享受假期的时间就会越少。常识会告诉你,你应该尽快忘了这段不愉快的航程,充分把握眼前的一切。人生是一个过程,如果把每一个阶段的"成败得失"全都压在肩上,今后的路还怎么走?

一个老农夫肩上挑着扁担信步而走,扁担上悬挂着一个盛满黄豆汤的壶。他不慎失足跌了一跤,壶掉落在地上摔得粉碎,这位老农夫仍旧若无其事地往前走。这时,有一个人急忙

## 第一章　放下心灵的尘垢

跑过来激动地说："你不知道你壶破了吗？""是的。"老农不慌不忙地回答道，"我知道，我听到它掉落了。""那你怎么不转身，看看该怎么办？""它已经破碎了，汤也流光了，你说我还能怎么办？"的确，对一颗已经烂根的牙齿，除了拔掉，又能怎么样呢？

旧的恐惧、旧的束缚，就让它们去吧！丢弃那些无用的旧衣、杂物和旧创伤。你每丢弃一件东西，必然会带来一次解放。

有一年，理查和一群好友到东非赛伦盖蒂平原一带去探险。在那趟旅途中，理查随身带了一个厚重的背包，里面塞满了食具、切割工具、挖掘工具、衣服、指南针、观星仪、护理药品等各种瓶瓶罐罐。理查对于自己的背包很满意，认为自己为这趟旅行做好了万全的准备。

有一天，当地担任向导的一位土著在检视完理查的背包之后，突然问了他一句话："这些东西让你感到快乐吗？"理查当场愣住了，这是他从未想过的问题。理查开始反问自己，结果发现，有些东西的确让他很快乐，但有些东西实在不值得为了背负它们而走了那么远的路。

理查决定将自己的背包重新整理，他取出一些不必要的东西送给当地村民。接下来的行程,因为背包变轻了,他感到不再有束缚,旅行变得更加愉快。理查因此得出一个结论:生命里填塞的东西越少,就越能发挥更大的潜能。从此以后,理查学会在人生各个阶段中,定期解开包袱,随时寻找减轻负担的方法。

生命的进行就如同参加一次旅行,你可以列出清单,决定背包里该装些什么才能帮助你到达目的地。但是记住,每一次的停泊都要随时清理自己的口袋。什么是该丢的?什么是该留的?把更多的位置空出来,才能让自己活得更轻松、更自在。

生命的过程就如同一次旅行,如果把每一个阶段的"成败得失"全都扛在肩上,今后的路还怎么走?

为你的"旧包袱"举行一场葬礼,把它埋了,与过去说"再见",跟往事干杯。

哲学家威廉·詹姆士总是说:"要乐于承认事情就是这样的情况,能够接受发生的事实,就是能克服随之而来的任何不幸的第一步。"

莎士比亚曾经说过:"聪明的人永远不会坐在那里为他们的损失而悲伤,却会很高兴地去找出办法来弥补他们的创伤。"人的一生中,谁都有不可避免地面对无数的变化和困境,当你遭遇时，你能否坦然面对呢？相信不少人会一度陷入变化带来的恐惧、忧伤之中，但是如果你试着忘掉过去，开始新的旅途，那么有谁能说你的明天不再美好如初呢？有谁能说你今后的生活依然暗淡无关呢？人生之路上的风风雨雨在所难免，关键是你能否有一颗"健忘"的心——把忧伤忘掉，把痛苦忘掉。

著名的成功学家拿破仑·希尔说："当我读历史和传记并观察一般人如何度过艰苦的处境时，我一直既觉得吃惊，又羡慕那些能够把他们的忧虑和不幸忘掉并继续过快乐生活的人。"有些事需要时时记起，而有些事却要学着忘记。忘掉过去，才能走得更远。

## 扫除心灵的尘垢

> 在人生的各种关口上，必须随时清扫心灵空间，重新充实你崭新的人生内容。每天勤于打扫杂念，就没什么值得烦恼了。

每个人都有过年前家庭大扫除的经历，当你一箱一箱地打包，你是不是很惊讶自己在过去短短几年内，竟然累积了那么多的东西？你是否很懊恼，埋怨自己为何没能在事前花些时间整理，淘汰一些不需要的东西？否则，今天就不会光是为了清理这些箱子，压得你连脊背都直不起来！

大扫除的痛苦经历，让很多人得到一个经验：人一定要懂得随时清扫，淘汰不必要的东西，日后才不会使之变成沉重的

## 第一章　放下心灵的尘垢

负担。

人生又何尝不是如此？在人生的过程中，每个人都不断地在累积东西。这些东西包括名誉、地位、财富、亲情、人际关系、健康、知识等，当然也包括了烦恼、郁闷、挫折、沮丧、压力等。在这些累积的东西中，有的早该丢弃而未丢弃，有的则是早该储存而未储存的。

问自己一个问题："我是不是每天忙忙碌碌地过日子，把自己弄得疲惫不堪，以至于总是没能好好静下来，替自己做'清扫'？心灵扫除的意义，就好像是生意人的"盘点库存"，你总要了解仓库里还有什么。某些货物如果不能在限期内销售出去，最后可能因为那些货物积压过多的资金而拖垮你的生意。

很多人都喜欢房子清扫过后焕然一新的感觉。当你擦拭掉门窗上的尘埃与地面上的污垢，把一切整理就绪之后，整个人好像突然得到了一种释放。

其实，在人生诸多关口上，我们几乎随时随地都要做"清扫"，上学、出国、就业、结婚、生子、换工作、退休……每一次转折都迫使我们不得不丢开旧的自我，把自己重新"扫"一遍。

不过有时候，某些因素也会阻碍我们进行扫除。比如，太忙、太累，或者担心扫完之后，必须面对一个未知的开始，而你又不能确定那是不是自己想要的结果。万一现在丢掉了，将来想要却又捡不回来，怎么办？

的确，心灵清扫原本就是一种挣扎与奋斗的过程。不过，你可以告诉自己：这一次的清扫，并不表示就是最后一次清扫，而且没有人规定你必须一次全部扫干净。你可以每次扫一点，但至少在目前，你必须立刻丢弃那些会拖累你的东西。

很多人之所以在还没开始之前就已经结束了，或者中途选择了放弃，并不是因它真的有那么难，最主要的原因是我们没有心思去从事。有些时候，明明事情刚开始时进行得还不错，一到中途却突然停顿下来，也不是真地碰到了什么瓶颈，而是因为我们不能坚持到底。所以，"心"才是我们迈向成功之路最大的障碍。

# 第二章

# 善待自己

# 第二章　善待自己

## 善待自己

人与人的关系以及做事情的过程中，我们很难直截了当地就把事情做好。有时我们做事情会碰到很多困难和障碍，有时候我们并不一定要硬挺、硬冲，我们可以选择有困难绕过去，有障碍绕过去，也许这样做事情更加顺利。

在生活中，有不少人面对激烈的竞争，常显出措手不及的惊恐状，面对强手始终觉得自己是一个弱者，随时都有可能被迫退出人生舞台。但纵观历史的长河，不难发现，有很多大师都是历经磨难。通过调整自己的心态，从自己身上挖掘到了成功的种子，最终走向成功。

纽约的零售业大王伍尔沃夫在青年时代时非常贫穷。伍尔沃夫年轻时在农村工作，一年中几乎有半年的时间是打赤脚的。当他成功以后，他常常说："我成功的秘诀就是将自己的心灵充满积极思想，仅此而已。"是啊，如果一个人没有充满积极的心态，那么他根本不可能成功。

伍尔沃夫的创业是靠借来的300美元，当时他在纽约开了一家商品售价全是5美分的店，曾经全天营业额还不到2.5美元，不久后他的经营就失败了。在此以后他又陆续开了4个店铺，有3个店完全失败。就在他几乎丧失信心的时候，他的母亲来探望他，紧紧握住他的手说："不要绝望，总有一天你会成为富翁的。"就是在母亲的鼓励下，伍尔沃夫面对挫折毫不气馁，更加充满自信地开拓经营，最终一跃成为全美一流的资本家，建立了当时世界的第一高楼，那就是纽约市有名的伍尔沃夫大厦。

在现实生活当中不只是伍尔沃夫，几乎所有白手起家的成功者，无不有一个共同的特点，那就是具有积极的心态。他们运用积极的心态去支配自己的人生，用乐观的精神去面对一切可能出现的困难和险阻，从而保证了他们不断地走向成功。而许多一生潦倒者，则普遍精神空虚，以自卑的心理、失落的灵

## 第二章　善待自己

魂、失望悲观的心态和消极颓废的人生目的做前导，其后果只能是从失败走向新的失败，甚至是永驻于过去的失败之中，不再奋发。

美国联合保险公司的艾伦是一名推销员，他很想当公司的明星推销员。因此，他不断从励志书籍和杂志中培养积极的心态。有一次，他陷入了困境，同时这个困境也是对他平时进行积极心态训练的一次考验。

记得那是一个寒冷的冬天，艾伦在威斯康星州一个城市里的某个街区推销保险单，但却没有一次成功。他自己觉得很不满意，但当时他这种不满是积极心态下的不满。他想起过去读过一些保持积极心境的法则。第二天，他在出发之前对同事讲述了自己昨天的失败，并且对他们说："你们等着瞧吧，今天我会再次拜访那些顾客，我会售出比你们售出总和还多的保险单。"

基于这个信念，艾伦回到那个街区，又访问了前一天同他谈过话的每个人，结果售出了66张新的事故保险单。这确实是了不起的成绩，而这个成绩是他当时所处的困境带来的，因为在这之前，他曾在风雪交加的天气里挨家挨户地走了8个多小时而一无所获。但艾伦能够把这种对大多数人来说都会感到的沮丧，变成第二天激励自己的动力，结果如愿以偿。

像艾伦这样的乐观主义者，总是相信勤奋和坚持是他们成功的一部分，换句话也可以说，是积极的心态帮助他取得了成功。

爱默生说过："我们的力量来自我们的软弱，直到我们被戳、被刺，甚至被伤害到疼痛的程度时，才会唤醒包藏着神秘力量的愤怒。伟大的人物总是愿意被当成小人物看待，当他坐在占有优势的椅子中时会昏昏睡去，当他被摇醒、被折磨、被击败时，便有机会可以学习一些东西了；此时他必须运用自己的智慧，发挥他的刚毅精神，他会了解事实真相，从他的无知中学习经验，治疗好他的自负精神病。最后，他会调整自己并且学到真正的技巧。"

然而，挫折并不保证你会得到完全绽开的利益花朵，它只提供利益的种子。你必须找出这颗种子，并且以明确的目标给它养分并栽培它；否则它不可能开花结果。上帝正冷眼旁观那些企图不劳而获的人。

## 塑造一个最好的"我"

人生最伟大的问题之一就是如何塑造一个最好的"我"。我们知道,如何塑造一个最好的"我"大多数跟自己的性格有关。而各种性格似乎总是在不断地发生冲突。我们一生中有许多的困难和麻烦都来自性格问题,因而人们不能彼此和睦相处。家庭破裂、友谊中断,出现不计其数的就业难题,这些都是因为性格的冲突。

我们如何才能塑造一个最好的自我呢?那就是我们要清除思想中的垃圾。换言之就是,你要清点以下你思想中的这11种垃圾。

第1种：没有目标，缺乏动力，生活浑浑噩噩，有如大海扁舟；

第2种：愤世嫉俗，认为人性丑恶，时常与人为忤，因此缺乏人和；

第3种：缺乏恒心，不晓自律，懒散不振，时时替自己制造借口去逃避责任；

第4种：心存侥幸，空想发财，不愿付出，只求不劳而获；

第5种：固执己见，不能容人，没有信誉，社会关系不佳；

第6种：自卑懦弱，自我压缩，不敢信任本身潜能，不肯相信自己的智慧；

第7种：或挥霍无度，或吝啬贪婪，对金钱没有中肯的看法；

第8种：自大虚荣，清高傲慢，喜欢操纵别人，嗜好权力游戏，不能与人分享；

第9种：虚伪奸诈，不守信用，以欺骗他人为能事，以蒙蔽别人为嗜好；

第10种：过分谨慎，时常拖延，不能自我确定，未敢当机立断；

第11种：恐惧失败，害怕丢脸，不敢面对挑战，稍有挫折即退。

## 第二章　善待自己

千万别小看这区区11种思想垃圾，它会限制你的潜能，将你的生活、事业搅得一塌糊涂。不但如此，消极心态会使人看不到将来的希望，进而激发不出动力，甚至会摧毁人们的信心，使希望泯灭。消极心态就像一剂慢性毒药，吃了这副药的人会慢慢地变得意志消沉，失去任何动力，而成功就会离消极心态的人越来越远。

消极心态者不但想到外部世界最坏的一面，而且想到自己最坏的一面，他们不敢企求，所以往往收获更少。遇到一个新观念，他们的反应往往是："这是行不通的，从前没有这么干过。没有这主意不也过得很好吗？这风险冒不得，现在这条件还不成熟，这并非我们的责任。"

美国哲学家爱默生说："人的一生正如他一天中所设想的那祥，你怎样想象，怎样期待，就有怎样的人生。"我们必须经常让自己处在朝气蓬勃而富有创造力的心态。如果你想节食，那就别存着不会成功的心态，因为这种心态只会使你丧气、使你烦恼。唯有处在决心要发挥潜能的心态，你才会真正地发挥潜能。如果你希望在工作上有很好的表现，希望能力更充分展现，那就看你当时所处的心态。如果是处在极佳的心态，哪怕是平常不认为自己有多大能力，但那时所表现出来的可能会令大家都瞪大了眼睛。

那些记单词有困难的人，不是他们的记忆力不好。事实上，他们记单词之所以有困难，一来是他们的注意力不集中；二来是他们的心智和情绪心态不稳定。这种人每当他们看过一些字之后没多久便忘了，虽然这种现象并非每次如此。不过当他们处在某种积极心态时，就能很清楚地记住所见过的单词。如果你改变他们这种心态后，他们记单词的能力就会有很大提高，让他们重回那种心态又能记得很好。

没错，千万人与人之间成功与失败的巨大反差，心态起了很大的作用。以下几个建议可以让我们学习如何使自己拥有积极的心态。

（1）要心怀必胜、积极的想法；

（2）用美好的感觉、信心和目标去影响别人；

（3）使你遇到的每一个人都感到自己重要、被需要；

（4）心存感激；

（5）学会称赞别人；

（6）学会微笑；

（7）到处寻找最佳新观念；

（8）放弃鸡毛蒜皮的小事；

## 第二章 善待自己

（9）培养一种奉献精神；

（10）永远也不要消极地认为什么事都是不可能的。

听音乐是一个能很快改变心态的好方法，因为轻松愉快的旋律可使你精神处于放松状态。看书可能也是一个能让你觉得愉悦的方法，因为它能使你集中注意力，同时也可以教你一些有启发性的东西，很可能马上用在你的身上。循着这种思路来考虑，你会感到许多会使你觉得愉快的方法。如出门旅游、进游泳池嬉水、参加一次舞会、看一部喜剧电影、找人下棋、听听有教育意义的录音带、洗个澡、与家人共进晚餐和聊天、搂搂孩子跟老婆温存一下、找朋友谈天说地一番、独自一个人想些新点子或新观念等。这些都是各位可以做的，当然你可能还有一些新的方法，不妨来一个各取所好，只要他们能给你带来愉快的感觉便成，只要他们能帮助你开发成功潜能便成。

美国赫赫有名的钢铁大王安德鲁·卡内基就是一个能充分发挥自己创造潜能的楷模。他12岁时由苏格兰移居美国，最初在一家纺织厂当工人，当时，他的目标是"决心做全工厂最出色的工人"。因为他经常这样想，也是这样做的，最后果真成为全工厂最优秀的工人。后来命运又安排他当邮递员，他想的是怎样"做全美最杰出的邮递员"。结果他的这一目标也实现了。他的一生总是根据自己所处的环境和地位塑造最佳的自己，他的座右铭就是："做一个最好的自己。"

　　法国文艺复兴时期的作家拉伯雷说过这样一段话："人生在世，各自的脖子上扛着一个褡子：前面装的是别人的过错和丑事，所以经常摆在自己眼前，看得清清楚楚；背后装的是自己的过错和丑事，所以自己从来看不见，也不理会。"拉伯雷的话，一针见血地指出了世人的一个通病。反省一下我们自己，是不是也是如此呢？只有我们看到自己的缺点，不断地加以改变，我们才能对自己的生活有所改变。只有我们去努力、去奋斗、去实践和无止境地追求，我们才能进入幸福殿堂的大门。

## 练就百折不挠的精神

> 爱默生说:"伟大高贵人物最明显的标志,就是他坚定的意志,不管环境变化到何种地步,他的初衷,仍然不会有丝毫的改变,而终将克服障碍,以达到所企望的目的。"

跌倒了再站起来,在失败中求胜利。无数伟人都是这样成功的。

爱尔兰腰缠万贯、拥有豪宅的高尔文出身于农家,年轻的时候是一个身强力壮的农家子弟,他在生活中充满进取精神。第一次世界大战以后,高尔文退役回家,在威斯康星办起了一家公司。可是无论他怎么卖劲折腾,公司产品一直打不开销路。有一天,高尔文离开厂房去吃午餐,回来只见大门上了锁，公司被查封了。

1962年他又跟合伙人做起收音机生意来。当时，全美国的收音机行业刚起步，数量不多，预计两年后将扩大一百倍。但这些收音机都是用电池做电源的。于是，他们想发明一种灯丝电源整流器来代替电池，这个想法本来不错，但产品还是打不开销路。眼看着生意一天天走下坡路，似乎又要停业关门了。高尔文通过邮购销售办法招揽了大批客户。他手里一有了钱，就办起专门制造整流器和交流电真空管收音机的公司。可是不出三年，高尔文还是破产了。这时他已经陷入绝境，仅剩下最后一个挣扎的机会了。当时他一心想把收音机装在汽车上，但有许多技术上的困难有待克服。到1963年年底，他的制造厂账面上已经净欠374美元。在一个周末的晚上，他回到家里，妻子正等着他拿钱来买食物、交房租，可他摸遍全身只有24块钱，而且全是赊来的。

最后经过多年坚持不懈地努力，高尔文取得了令人瞩目的巨大成功。

高尔文的成功源于他对事业毫不松懈地追求，一股不服输的超人勇气。经受挫折，对成功太重要了。

挫折与失败并不能保证你会得到完全绽开的利益花朵，它只提供利益的种子，你必须找出这颗种子，并且以明确的目标给它养分栽培它，这样，它才能开出绚烂的花朵。

那些百折不挠、牢牢掌握住目标的人，都已经具备了成功的要素。成功学家拿破仑·希尔指出，下面几个建议一旦和你的毅力相结合，你期望的结果便更易于获得。

我国伟大的革命先行者孙中山先生曾经说："吾志所向，一往无前，愈挫愈勇，再接再厉。"他为了中华民族的革命事业，经受了多少磨难，又受到多少军阀的政治迫害。正如他所说：他越挫越勇。他为中国人民做出了杰出的贡献。

挫折最能考验一个人的心态了，不同的心态，就有不同的结果。有的人表现得很脆弱，以为从此天就塌下来了，唉声叹气，不思进取，当然也就不会有什么进步。有的人认为："天降大任于斯人也，必先苦其心志，劳其筋骨，饿其体肤，空伐其身，行拂乱其所为，所以动心忍性，曾益其所不能。"他们用圣贤孟子的话来激励自己，他们越遇挫越勇，坚忍不拔，能够取得最后的胜利。

人无论做什么，都要好好把握自己，不要轻言放弃，因为好的东西总要花费一番代价才能得到。你若采得玫瑰，必须得经受住花刺带来的阵痛，如果你怕花刺痛，那么你就不要采撷。你若想吃樱桃，你也必须好好栽培樱桃树，如果你怕樱桃难栽，那么就别动吃樱桃的念头。你若想采得灵芝，你也必须翻山越岭、攀登悬崖峭壁。如果你怕攀登，那么你就不会有得到名贵灵芝的机会。

其实，人作为自然界中最高级的动物，在征服自然、创造自然的过程中，克服了多少困难，如果遇到困难就退避三舍的话，或许我们和其他动物就没什么本质的区别，或许我们还过着茹毛饮血的生活。正因为我们人类有着高超的智慧，才带来了现在高度的物质文明和精神文明。

以后，社会会进一步发展，势必会向更多的领域挑战，我们人类还有很多求知的领域，还有很多未解之谜。这些都需要人类去探索、研究和发现。人类难免要遇到一些挫折和困难，面对挫折和压力，有人选择逃避退却，有人则越挫越勇。只有越挫越勇的人方会发现自然界未被发现的奥秘，才会让人们永远纪念。

战国时期的越王勾践在沦为阶下囚时，不忘卧薪偿胆以积蓄力量，终于在20年后一举消灭吴国。曾国藩在评定太平天国的过程中也是这样，几次大败，急得曾国藩想自杀。在他给咸丰皇帝的奏折中，说自己屡战屡败还是打垮了太平天国。美国著名诗人惠特曼的《草叶集》写出来后，曾先后被几十家出版社退稿，但他对自己的作品充满信心，越挫越勇，最终使它得以面世，为世界文学宝库增添了新的瑰宝。

　　这些古今中外的有力事实告诉我们，面对人生挫折，唯有那些意志坚强、顽强拼搏的挑战者才能够在奋斗过程中创出新的辉煌。无数的成功者告诉我们：任何一个成功的事实都无一例外地要经历一次又一次的失败，所有成功的人生，也都是一个不断自我调整、自我塑造、自我完善的过程。正视这些问题，把挫折当作人生的垫脚石，会让你越走越勇，绝不轻言失败。

## 做最好的自己

> 一个人只有确定自己在生活中做最好的自己,才会越来越接近成功,直至最终的成功。

"财富、名誉、地位和权势不是测量成功的尺子,唯一能够真正衡量成功的是这样两个事物之间的比率:一方面是我们能够做的和我们能成为的;另一方面是我们已经做的和我们已经成为的。"

同样的,每个人的生活都会面临考验我们的信仰和决心的挑战。然而,当挑战到来,我们就会全身心地投入到事业的挑战中去,我们就不会再停留,而是立即采取行动,去与困难作斗争。这样,无论我们在生活或事业上遇到多大的困难,都会自始至终地用积极、理性的态度去对待，都会用坚定的决心和充足的勇气战而胜之。

巴顿将军有句名言："一个人的思想决定一个人的命运。"不敢向高难度的工作挑战，是对自己潜能的画地为牢，只能使自己无限的潜能化为有限的成就。与此同时，无知的认识会使自己的天赋减弱，不敢挑战自我，甘于做一个平庸的人，这样的人一辈子会像懦夫一样生活，终生无所作为。

巴顿将军在校期间一直注意锻炼自己的勇气和胆量，有时甚至不惜拿自己的生命当赌注。

有一次轻武器射击训练中，他的鲁莽行为使在场的教官和同学都吓出了一身冷汗。事情的经过是这样的：同学们轮换射击和报靶。在其他同学射击时，报靶者要趴在壕沟里，举起靶子；射击停止时，将靶子放下报环数。轮到巴顿报靶时，他突然萌生了一个奇怪的念头：看看自己能否勇敢地面对子弹而毫不畏缩。当时同学们正在射击，巴顿本应该趴在壕沟里，但他却一跃而起，子弹从他身边嗖嗖地飞过。真是万幸，他居然安然无恙。

另一次是他用自己的身体做电击的实验。在一次物理课上，教授向同学们展示一个直径为12英寸长、放射火花的感应圈。有人提问：电击是否会致人死命？教授请提问者进行实验，但这个学生胆怯了，拒绝进行实验。课后，巴顿请求教授允许他进行实验。他知道教授对这种危险的电击毫无把握，但巴顿认为这恰是考验自己胆量的良机；教授稍微迟疑后同意了他的请求。带着火花的感应圈在巴顿的胳膊上绕了几圈，他挺住了。当时他并不觉得怎么疼痛，只感到一种强烈的震撼。但此后的几天中，他的胳膊一直是硬邦邦的。他两次证明了自己的勇气和胆量。

"我一直认为自己是个胆小鬼，"他写信对父亲讲，"但现在我开始改变了这一看法。"

我们大家都知道巴顿将军毕业于西点军校，对西点学员来说，这个世界上不存在"不可能完成的事情"。不断挑战极限是每个学员的乐趣，只有超乎常人的困境才会让他们从中得到锻炼。而在现实生活中，我们只有具备一种挑战精神，也就是勇于向"不可能完成"挑战的精神，才是我们获得成功的基础。

当然，在挑战自我的过程中，我们需要鼓足勇气，去做自己应该做的事，去充分发挥自己的才干、机智与能力，不以

## 第二章 善待自己

到达终点为最终目的,即使到达终点了也要继续前进,永不休止,勇往直前,不怕失败。尽管在这个过程中会经受人生中所有的艰难困苦,但也要意识到这只是一个过程,只有自己永不言败,永不放弃,向自己挑战,才能走向成功。看看那些颇有才学的人,他们具有很强的能力,而且有的条件还十分优越,结果却失败了,就是因为他们缺乏一种挑战自我的勇气。他们在工作中不思进取,随遇而安,对不时出现的那些异常困难的工作,不敢主动发起"进攻",一躲再躲,恨不得躲到天涯海角。他们认为:要想保住工作,就要保持熟悉的一切,对于那些颇有难度的事情,还是躲远一些好,否则,就有可能被撞得头破血流。结果,终其一生,也只能从事一些平庸的工作。

我们面对这样的人,能为他做些什么呢?我认为,一个人一定要有自己的目标,要有信心,并且要有自己的价值观,只有这样,我们在挑战自我时,才能不断地问自己:我要去哪里?我现在的目标、信仰和价值观在哪里?现在它们要带我到哪里去?我是否正朝着我想要去的地方前进呢?如果我一直照这样走下去的话,我最终的目的地是哪里呢?所以,人生最大的挑战就是挑战自己,这是因为其他敌人都容易战胜,唯独自己是最难战胜的。有位作家说得好:"把自己说服了,是一种理智的胜利;自己被自己感动了,是一种心灵的升华;自己把自己征服了,是一种人生的成熟。大凡说服了、感动了、征服了自己的人,就有力量征服一切挫折、痛苦和不幸。"

第三章

心有乐观，不畏浮世

# 第三章　心有乐观，不畏浮世

## 态度的力量

> 对于一件事情的看法，人们会因切入的角度不同而产生不同的想法。一个悲观的人，事事都往坏处想，于是愁眉苦脸、愤世嫉俗，但他这样也不过是亲者痛，仇者快，苦了自己。除此之外，他的生活情绪一定会大受影响，还会连带地影响他人。
>
> ——卡耐基

曾有专家做过这样一个研究：对两个学历、能力、爱好等各方面因素都比较相近的人经过十几年跟踪调查发现，两个人的成功与否并不是因为其他方面因素，而是因为他们对所做事情的态度。其中一个人之所以能取得成功，是因为他遇事永远都用积极乐观的态度去面对。而另一个人的生活始终都充满了忧虑，虽然也取得了一些成就，可各方面压力让他觉得生活是那么的压抑，丝毫没有体会到成功带来的喜悦和幸福。

一个人能否成功，关键在于他的心态。成功人士与失败人士的差别就在于成功人士有积极的心态和高昂的热情。的确，心态是真正的主人，你的心态决定了谁是坐骑，谁是骑师。成功者与失败者之间的差别就在于：成功者拥有积极的心态，失败者拥有消极的心态。成功者运用积极的心态支配自己的人生，他们始终用积极的思考、乐观的精神和丰富的经验控制着自己的人生。失败者总是运用消极的心态支配自己的人生，他们一直都在接受失败的引导，他们长时间生活在空虚、悲观、失望之中，所以迎接他们的只有失败。

一位著名的政治家曾经说过："要想征服世界，首先要征服自己。"在人生中，消极、悲观的情绪笼罩着生命中的各个阶段，年少之有，年长有之。悲观是一个幽灵，如鬼魅般地随时偷袭一下，要想征服他就必须征服自己的悲观情绪。人生中悲观的情绪不可能没有，重要的是一定要战胜它，征服它。战胜悲观的情绪，用开朗、乐观的情绪支配自己的生命，就会有意想不到的收获。

## 第三章 心有乐观，不畏浮世

小时候的富克兰林，是一个非常胆小的男孩。惊恐的表情总是浮现在他的脸上，即使当他面对师长或面对一些生活中极为普通的事情时，他通常也会心跳加快，呼吸就像喘气一样，他总是低着头不敢面对老师和同学。但是，后来富克兰林凭着积极的心态和奋发的精神，终于成为一位深得人心的美国总统。在他晚年时，他少年时的缺陷已经被世人忘记了，人们记在心里的只有富克兰林那充满自信的表情。

一个人的成功与失败在于他的一念之间，当你认为自己是一个非常优秀的人时，你的精神状态就一定是积极乐观的，你的言行举止也必然是积极向上的。如果你每天都是一副失落的表情，那么，你给他人和自己带来的将是一种失败的感觉。

一个年轻人，大学毕业后凭着青年人的热情，他决定到一个偏僻的山村去接受锻炼。到了目的地，他才了解到这里条件的艰苦远远超出了他的想象：风不停地吹着，到处飞沙走石，甚至连个和他谈心的人也没有。他难过极了，写了封信向他的父母求救。一个星期后，他收到了父母的来信，他展开一看只有一句话："两个人从窗户往外看，一个看见的是无尽的黑暗，另一个看见的却是星星。"看了父母的来信，他为之前的举动感到惭愧万分，他决心要做那个看星星的人。后来，他主动和当地人交上了朋友，并为他们提供真诚的帮助，他的生活也渐渐变得充实和快乐起来。

有的人在优越的环境中看到的总是烂泥，而有的人在逆境中看到的总是星星。不管在什么样的环境中，改变一下你自己的心态，你就会更快乐。

"汉堡包王"克罗克出生于西部淘金运动的尾声，这样一个本来可以大发横财的时代与他擦肩而过了。中学毕业之后，他正准备上大学，1931年美国经济的大萧条来临了，困窘的现实情况使他不得不放弃学业转去搞房地产维持生活。可是，当他的房地产生意刚有起色，第二次世界大战又打起来了。克罗克竹篮打水一场空。这以后，他到处求职，曾做过急救车司机、钢琴演奏员和搅拌器推销员。但克罗克似乎命犯"煞星"，他无论从事何种职业，不幸几乎就没有离开过他。

尽管如此，克罗克仍是保持高昂的斗志，仍然执着地追求着。直到1955年，在外闯荡了半生的他依旧两手空空地回到了老家。这时，他发现迪克·麦当劳和迈克·麦当劳开办的汽车餐厅生意十分红火，他确认这种行业很有发展前途。于是，他

## 第三章 心有乐观，不畏浮世

卖掉了家里的一份小产业后，再一次开始了创业的漫漫征途。当时克罗克已经52岁了，对于多数人来说这正是准备退休的年龄，可他却决心从头做起。后来，他甚至借债270万美元买下了麦氏兄弟的餐厅。经过几十年的苦心经营，麦当劳现在已经成为全球最大的以汉堡包为主食的快餐公司，在国内外拥有7万多家连锁分店，年销售额高达近200亿美元。

西尼加说："意志坚强的乐观主义者用'世上无难事'的人生观来思考问题，越是遭受悲剧打击，越是表现得坚强。"又说，"差不多任何一种处境——无论是好是坏——都受到我们对待处境态度的影响。"每个人都会遭遇挫折，但用不同的态度去面对挫折则会产生截然不同的结果。失败者和成功者之间最不同之处，就在于是否有积极的心态。乐观者会坦然面对困难，他们才能取得最终的胜利。

## 心态决定命运

> 人生的成功或失败，幸福或坎坷，快乐或悲伤，有相当一部分是由人自己的心态造成的。只要你拥有积极的心态，你就可以缔造出一个幸福、快乐的人生。

任何人的一生都不可能一帆风顺，所有人都会遇到一些挫折和失败，但这并不是我们怨天尤人、自甘堕落的理由。人的一生，原本就是一个不屈战斗的过程，为了在事业上取得成功，为了自己的生活过得更加幸福，就必须面对现实，并积极乐观地迎接挫折，这样才能实现自己的目标。面对环境的不利因素，成功者可以用良好的心态去面对，对于他们而言，任何困难都不能阻止他们通往成功的脚步；相反那些失败者就会受到不利因素的影响，一些小小的困难都会成为他们难以逾越的鸿沟。

我们知道，其实命运的转机就在我们的一念之间。

这句话中间的道理可以由一个牧师传达给我们：一个星期六的早晨，天下着雨，妻子出去买东西了，牧师正准备他的布道演说，但是工作进展不大，他的小儿子不停地吵闹，分散他的精力。没有办法，牧师在失望中拣起一本旧杂志，一页一页地随便翻阅，翻到一幅色彩艳丽的世界地图时他有了主意：把这页大图画从杂志上撕下来，再把它撕成很小的碎片，丢在客厅的地上，对儿子说："小约翰，如果你能把这些碎片拼拢，我就给你2角5分钱。"

牧师以为这样一件麻烦事会让儿子花掉大半个上午的工夫。令人惊讶的是，不到10分钟，儿子就过来敲他的门，牧师简直不敢相信自己的眼睛：约翰已经完整地拼好了这幅世界地图。

"孩子，你怎么能把这件事做得如此神速？"

孩子说："这很容易，在这些碎片的另一面有一个人的照片。我就把这个人的照片拼到一起，然后再把拼好的照片翻过来。我想如果这个人是正确的，那么这张世界地图也是正确的。"

牧师的脸上有了笑意，他给了儿子2角5分钱并兴奋地说："儿子，你已经替我准备好了明天布道的题目。我想说的就是：如果一个人是正确的，他的世界也会是正确的。"

这个小小的故事可以给我们许多想象和思考的空间，使我们受到很深的启发。它展示了积极的态度所蕴含的巨大力量。世界的改变，命运的转机，也许就在我们的一念之间。小男孩只是换了一个角度，完整的世界就从破碎中诞生，难题得以解决。如果你是正确的，你的世界也就会是正确的。牧师从小男孩的视角看到的成功之道，正是我们所希望的。当你对任何一件事情都抱有积极态度，世界怎能不在你面前低下头来。

米契尔曾经经历过一场机车的意外事故，4年后，米契尔所开的飞机在起飞时又摔下跑道，把他胸部的12条肋骨全压得粉碎，腰部以下永远瘫痪！

"我不解的是为何这些事老是发生在我身上，我到底是造了什么孽？要遭到这样的报应？"米契尔虽然这样说，但他仍不屈不挠，日夜努力使自己能达到最高限度的独立自主，他被选为科罗拉多州孤峰顶镇的镇长，以保护小镇的美景及环境，使之不因矿产的开采而遭受破坏。米契尔后来也竞选国会议员，他用一句"不只是另一张小白脸"的口号，将自己难看的脸转化成一项有利的资产。

## 第三章　心有乐观，不畏浮世

尽管面貌骇人、行动不便，米契尔却坠入爱河，且完成终身大事，也拿到了公共行政硕士学位，并持续他的飞行活动、环保运动及公共演说。

米契尔说："我瘫痪之前可以做1万件事，现在我只能做9000件，我可以把注意力放在我无法再做的1000件事上，或是把目光放在我还能做的9000件事上。我的人生曾遭受过两次重大的挫折，如果我能选择不把挫折拿来当作放弃努力的借口，那么，或许你们可以用一个新的角度，来看待一些一直让你们裹足不前的经历。你可以退一步，想开一点儿，然后你就有机会说：'或许那也没什么大不了的！'"

美国著名的心理学家威廉·詹姆斯说过一句话："我们这一代人最重大的发现就是：人能改变心态，从而改变自己的一生。"

## 宽心待事

> 笑对成败、荣辱不惊是一个人修心到达的高境界，是人任何时候都应该具备的。没有一颗宽心，就不会有一个好的起点。

在这个世界上，往往是成功者活得潇洒自在，失败者过得空虚难熬。有这种强烈反差的原因，更多的是失败者产生了失衡的心理，他们因为自己心态的不正而产生了嫉妒和仇恨。嫉妒和仇恨就像一个镣铐，这个镣铐又是自己给自己戴上去的。戴着这种镣铐的人，他永远不能在事业上超过他人，有时候还成为社会不和谐的因素。

活在当下，遇事宽心最重要的就是要失败时调整好自己的

## 第三章　心有乐观，不畏浮世

心态。当遇到困难和挫折时，对事，我们不能只挑选很容易的倒退之路；对人，我们不能有"你不仁我不义"的以牙还牙思想，否则，我们就会陷入更加惨败的深渊。我们要学习成功者的经验，在眼前遇到困难时，首先要怀有挑战困难的意识。困难和挫折同样地会使他们很痛苦，但他们会不停地告诫自己："我忍，我再忍！""一定有办法！""说不定还是好事"等，自己用一些积极的意念鼓励和安慰自己，这样他们会发挥自己最大的潜能，想尽一切办法，使自己不断前进，直至最后的成功。

这就是成功人士所谓的宽心待事，这种宽心待事使我们在失败面前不至于自怨自艾，能使我们把更多的精力用在解决问题上。因此，宽心待事是滋生进取心的基础，在平和的心态中人能获得更多对自己有益的东西。平和的心态，又能积极地进取，就可以造就伟大的成功；消极思想的堆积，足以让人万劫不复。

成功最大的敌人就是自己失势时的消极——这是不正常的。这种不正常的心态常常把我们绊倒。要想在当下活得洒脱，必须牢固树立积极的心态，彻底清除消极的心态。正如莎翁所说："消极是两座花园之间的一堵墙壁。它分割着时间，惊扰着安息，把清晨变为黄昏，把昼午变为黑夜。"

宽心待事，就是保持一种"轻松平和"的心态，正确地看待自己，和平地对待别人，努力与周围的环境保持和谐。人生活在当下，自然要与他人、与社会发生这样那样的联系，以一颗平常的心态去做人做事。

很多人在心态失衡的状况下，他们总是把名利、得失来看得很重，一旦事情不如自己的意，他们就觉得自己身边"黑暗"无比，感到自己在现实中很难被人很公正地接受和认可，做事更是处处失败。可怕的是，这种情绪反过来会强化他的消极心态，人会因此陷入恶性循环当中，就不会再有成功了。

所以，不论我们成功的难度有多大，只要我们生存在这个星球上，行走在这个花花世界里，就要以积极健康的平常心来面对一切得失。这样，能使自己养成一种宽心待事的积极心态，使自己有一把万能的钥匙，打开成功路上所有关口的门，让你的前进畅通无阻。

## 第三章　心有乐观，不畏浮世

## 拥抱不幸

> 人的一生可能燃烧也可能腐朽，我不能腐朽，我愿意燃烧起来！
>
> ——奥斯特洛夫斯基

在我们的生活中，幸与不幸有时只是一墙之隔，关键在于你怎样对待；如果你采用消极态度，不应永远只能给你带来痛苦和失望；可如果你能用积极的心态去面对，并且乐观接受，或许它就是你另一种幸运的开始。

我曾听说过这样一个故事。有一个盲人，在他很小的时候，为自己的缺陷而无比烦恼沮丧，他认定这是老天在处罚他，认定自己这一辈子都不会有什么出息了。因此，他开始对自己身边的事物不满起来，开始悲观厌世，颓废不振。直到有一天，他遇到一位当地知名的教师，这位教师听了他的心事后，说："世上每个人都是被上帝咬过一口的苹果，都是有缺陷的人。有的人缺陷比较大，遭遇的痛苦比别人多，那是因为上帝特别喜欢他的芬芳。"听了这句话，他开始对自己的遭遇有了一个全新的认识，也对自己的人生做了重新安排。他认为他的残疾是上天对他的考验，也是对他的挑战，是在考验他能不能面对上天对他的挑战。当他这样思考的时候，他开始振作起来，开始决定走出先前颓废的生活，转而向命运挑战。若干年后，他成了当地一个著名的盲人推拿师，他的成功激励了许多身残志坚的人，引领他们摆脱命运的束缚，走出阴霾，走向成功。

人生正因为有了缺憾，才使得未来有了无限转机，所以缺憾未尝不是一件值得高兴的事。

卡耐基说："千万不要嘲笑不幸的人，谁能保证自己永远幸福呢？"任何人都不可能永远幸运。当然，任何人也不可能永远遭遇不幸，好运会降临在每个人的身上。很多时候，有些事情看似不幸，但其中却有可能存在着一些幸运。这正如古

## 第三章　心有乐观，不畏浮世

时候那个丢失了马的塞翁所说，"祸兮福之所倚，福兮祸之所伏"一样，天下没有十全十美的好事，也不会有彻头彻尾的坏事，好事情里有坏的一面，坏的事情里也有好的一面。如果我们能用这种态度面对一切不幸的话，就会发现，自己并不是身处深渊绝壁，反而是在一条崭新的道路上。

一天，莎士比亚遇到了一个失去父母的少年，望着孩子那双绝望而迷茫的眼睛，他满怀深情地对他说："你是多么幸运的孩子，你拥有了不幸。因为不幸是人生最好的磨炼，是人生不可缺少的历练教育，因为你知道失去了父母以后，要更加努力了。"

莎士比亚的这番话，虽然当时这个孩子还不能理解，可这无疑给了正处于孤立无援境地的孩子一丝曙光。孩子充满疑惑地看着这位给自己安慰的大师。40年后，这个孩子——杰克·詹姆斯，成了英国剑桥大学的校长，世界著名的物理学家。

困难是磨炼意志最好的帮手，从不幸遭遇走出来的人往往会更加坚强。人们常说，穷人的孩子早当家。那些出生于贫寒家庭中的孩子，之所以要比那些出生于安逸家庭中的孩子更坚强，就是因为他们遭遇的不幸历练了他们。从小就生活在痛苦当中的他们，更加懂得如何去追求幸福，如何珍惜眼前的快乐。

帕格尼尼是一位世界公认的最富有技巧和传奇色彩的小提琴家，是音乐历史上最杰出的演奏家之一。他的一生都是在幸运与不幸中度过的。帕格尼尼3岁开始学琴，即显天分；8岁时已小有名气；12岁时举办首次音乐会，即大获成功。然而与此同时发生的是，他4岁出麻疹，险些丢掉性命；7岁时患肺炎，又一次靠近死神；46岁时牙齿全部掉光；47岁时视力急剧下降，几乎失明；50岁时又成了哑巴。

帕格尼尼的一生中，除了儿子和小提琴，几乎没有其他家人和亲人。可是，上帝却让他成为一名天才小提琴家。他的琴声几乎遍及世界，有无数的崇拜者。他在与病痛搏斗中，用独特的指法、弓法和充满魔力的旋律征服了整个世界。几乎欧洲所有文学大师都听过他的演奏，并为之激动不已。著名音乐评论家勃拉兹称他是"操琴弓的魔术师"，歌德评价他"在琴弦上展现了火一样的灵魂"。李斯特在听过他的演奏之后，甚至大喊道："天啊，在这四根琴弦中包含了多少痛苦、苦难和受到残害的生灵啊！"

多少伟大的成功者都是在不幸中崛起的,他们正是因为遭受了不幸,才变得更加坚强,对追求成功的渴望才更强大。而他们之所以能做到这一点,正是因为他们用正确的态度去面对不幸。

## 接受不可改变的事实

> 世界上的有些事情是可以改变的,有些事情则是无法改变的,诸如亲人亡故、各种自然灾害的发生,既然已经成为既定的事实,你就要坦然去面对它。否则,只不过是徒增哀伤而已。

接受无法抗拒的事实,唯有此才能克服生活中所遇到的各种不幸。人生在世,生活中不尽如人意的事情谁都可能会遇到。正所谓,天有不测风云,人有旦夕祸福。

看过影片《阿甘正传》的朋友都知道,童年的阿甘双脚无法走路,靠背撑和两脚上的那些金属支架才支撑起他摇摇晃晃的身子。到了该上学的年龄,他的校长因为阿甘的智商只有

## 第三章　心有乐观，不畏浮世

75，就拒绝他入学。在学校里阿甘为了躲避别的孩子的欺侮，他跑着躲避别人的捉弄。在中学时，他为了躲避别人而跑进了一所学校的橄榄球场，就这样阿甘被大学破格录取，并成为橄榄球巨星，受到肯尼迪总统的接见。大学毕业之后，阿甘入伍去了越南战场，不管别人对战争有多么的仇视，他认为自己应该做好的就是今天的事，因而对国内高昂的反战情绪毫不理会。同样，执着又成就了他，作为英雄他受到了约翰逊总统的接见。

阿甘有一个从小青梅竹马的玩伴珍妮，阿甘和珍妮在大树上培养着他们深厚的友谊，后来两人也互相喜欢着。但珍妮向往一种更有激情的生活，这是阿甘所不能给她的，于是她出走了。阿甘虽然很爱珍妮，她的出走也让阿甘很伤心，但阿甘并没有就此沉沦下去。他依然按自己的想法，按部就班地做着自己的事情。他从不想自己的明天会怎样，只是每天坚持做着自认为该做的事。恰恰是这种心态，成就了阿甘一个又一个的业绩：他先成了美国的乒乓球巨星，直接参与了中美两国的乒乓外交活动，并受到了尼克松总统的接见；后来，他又有了十几条船，成了一个捕虾公司的老板，并成了百万富翁；在这时候，珍妮回来了，在和阿甘共同生活了一段日子后，她又走了。郁闷使阿甘突然觉得自己想跑，于是他开始奔跑，这一跑就横越了整个美国，他又一次成了名人。阿甘肯于接受他生活中难以改变的现实，所以阿甘创造了自己人生的辉煌。

有一位瓷器收藏爱好者，他新近购得一只明代官窑的瓷碗，爱不释手，每天都是擦了又擦，看了又看。一天，他依旧像往常一样拿起这个瓷碗细细观赏的时候，一个不留神，瓷碗掉在地上摔得粉碎。这下，这位瓷器爱好者的心仿佛油烹一样难过。从此，他每天都呆呆地望着那堆瓷碗的碎片，茶饭不思，人也变得越发憔悴起来。时光在他近乎绝望的眼神中滑过了半年，最终这个瓷器收藏者精力衰竭而亡。直到他咽气的时候，他的手上还拿着那个已经破碎的瓷碗碎片。

这位收藏者的心情我们是可以理解的，对于他的不幸遭遇我们也是深表同情的，但是他却最终也没能明白这样的一个道理：覆水难收，纵使他如何得悲伤也不能够使破碎的古瓷碗再恢复原样。所以，在生活中我们如果发生了类似无可挽回的事情时，就要学会接受它、适应它。一场大火烧光了爱迪生的所有设备和成果,但他却说:"大火把我们的错误全部都烧光了,现在我们可以重新开始了。"

很多时候,我们的烦恼不是来自于对"美"的追求,而是来自于对"完美"的追求。由于刻意追求完美,我们不能容忍缺陷的存在。结果,经常一点儿小小的缺陷,就可能遮蔽住我们的眼睛,使我们的目光滞留在缺陷上,从而忽略了周围其他的美好之处,以致错过了许多美好的东西。

小蜗牛一生下来就对背上这个又硬又重的壳烦恼不已,他问妈妈:"为什么我们一出生就要背负着这样一个笨重的硬壳呢?"

"傻孩子,因为我们的身体没有骨骼的支撑,所以我们需要这个硬壳的保护啊!"妈妈慈爱地说。

"可是毛毛虫也没有骨头啊,它们为什么就不用背这样一个又硬又重的壳呢?"小蜗牛又问。

"因为毛毛虫以后会变成蝴蝶,飞到天空中去,天空会保护它们的。"

"那么小蚯蚓呢?它们也没骨头,也爬不快,它们也不会变成蝴蝶,为什么他们不用背这个又硬又重的壳呢?"小蜗牛似乎要打破砂锅问到底了。

妈妈还是耐心地给小蜗牛解释："因为小蚯蚓会钻到地里面去，大地会保护它们的。"

"那我们真是好可怜啊，天空不保护我们，大地也不保护我们。"小蜗牛失声痛哭起来。

"所以我们有壳啊！我的孩子！"蜗牛妈妈拍拍小蜗牛的肩膀，安慰他说："我们既不靠天，也不靠地，我们就靠我们自己。"

是啊，蜗牛妈妈的话说得多好啊！面对不可改变的现实，我们也要学会坦然面对，或许你会发现原先的劣势其实也可成为优势，原先的不足其实也能转化为特长。

所以，任何人遇到不尽如人意的事情发生时，情绪都会受到一定的影响。对于那些已经存在的既定事实，当你无法改变它的时候，就要学会去接受它、适应它。否则躲在角落里悲悲戚戚、自怨自艾，那样只会毁了你的生活。

# 第三章　心有乐观，不畏浮世

## 不要抱怨生活

*抱怨会使心灵黑暗，爱和愉悦则使人生明朗开阔。*

一个总是在抱怨的人，他的内心一定是阴暗的，他没有面对现实的勇气，即便是一个小小的困难，他也不能勇于承担。抱怨也会使人们失去责任感，在其身上发生的所有对自己不利的事情，他们都不会积极地承担起责任，甚至还会用一些狡诈的手段来逃避责任。懦弱的心理使这些人变得极为脆弱，一个小小困难对他们来说都是一次巨大的打击，丧失勇气的他们无法真诚地面对现实，唯一能做的只能是逃避和抱怨。

一个铁匠想打造出一把锋利的宝剑出来，于是，把一根根长长的铁条插进了炭火中，等到烧得通红，然后取出来用铁锤不停地敲打。如此反复了不知多少次后，铁条变成了一把剑。可是他左看右看，觉得这把剑并不符合自己的要求，于是又把它放进了通红的炉火烧，然后拿出来继续敲打，他希望能把它打得再扁一点儿，成为一个种花的工具，谁知还是觉得不满意。就这样铁匠反复把铁条打成各种工具，结果全都失败了。最后一次，当他把烧得通红的铁条从炭火里取出来之后，茫茫然竟不知道该把它打造成什么工具好了。实在没有办法了，他随手把铁条插进了旁边的水桶中，在阵阵嘶嘶声响后，铁匠说："虽然这根铁条什么也没打造成，可至少我还能听听嘶嘶的声音。"

很多人在遭遇失败后，最先做的就是不停地抱怨，而不是从中吸取教训。这样的行为不但会使他们失去成长的机会，生活也会因此而变得枯燥和充满烦恼。相反，对于那些面对失败保持乐观的人而言，不但不会因此而到处抱怨，而且他们总是能从其中体验到乐趣。

对于一个乐观者而言，面对任何事情他们都不会去抱怨，这也是那些伟大的成功者之所以能取得成功的主要原因之一。

在1888年的大选中，美国银行家莫尔当选副总统，在他执政期间，声誉卓著。当时，《纽约时报》有一位记者偶然得知这位

第三章 心有乐观，不畏浮世

总统曾经是一名小布匹商人，感到十分奇怪：从一个小布匹商人到副总统，为什么会发展得这么快？带着这些疑问，他访问了莫尔。

莫尔说："我做布匹生意时也很成功，可是，有一天我读了一本书，书中有句话深深地打动了我。这句话是这样写的：'我们在人生的道路上，如果敢于向高难度的工作挑战，便能够突破自己的人生局面。'这句话使我怦然心动，让我不由自主地想起前不久有位朋友邀请我共同接手一家濒临破产的银行的事情。因为金融业秩序混乱，自己又是一个外行人，再加上家人的极力反对，我当时便断然拒绝了朋友的邀请。但是，读到这一句话后，我的心里有种燃烧的感觉，犹豫了一下，便决定给朋友打一个电话，就这样，我走入了金融业。经过一番学习和了解，我和朋友一起从艰难中开始，渐渐干得有声有色，度过了经济萧条时期，让银行走上了坦途，并不断壮大。之后，我又向政坛挑战，成为一位副总统，到达了人生辉煌的顶峰。"

莫尔取得的成功来自于他乐观的心理，面对自己的出身低微，他没有一丝的抱怨，面对自己微弱的资产，他也没有抱怨，他没有因为自己只是个小布匹商就停止了向往成功的步伐,而是选择了更高的目标,对未来不断发起挑战,朝着人生的巅峰不停地前进着。

成功的喜悦只有那些遇到困难永远不会抱怨的人才可以品尝得到。快乐的生活永远都是在没有抱怨的情况下才可以产生的。那些只知道抱怨的人,就像被蒙上了双眼一样,看不到眼前的无限风光,这样他们自然也就永远不懂得去享受生活中的美好,对于这些人而言,他们始终都摆脱不了那些困扰在他们身上的烦恼,焦躁的心情就像魔咒一样一直困扰着他们,幸福和快乐的阳光很难会照在这些人的身上,因此,他们注定将生活在阴暗当中。

保罗·迪克的"森林公园"使每个路过那里的人都赞叹不已。葱郁的树木参天而立,各色花卉争香斗艳,鸟儿在林间快乐地歌唱。可有谁知道,这竟是从以前被烧成废墟的老庄园上重建起来的!

保罗·迪克从祖父那继承下来的"森林庄园",在5年前,由于雷电引起的一场火灾,烧毁了整个庄园。面对无情的打击,保罗·迪克根本就没有勇气去面对现实,心痛不已。他知道,要想重建庄园是要花费很大的精力的,最重要的是还需要很大一笔资金,而这笔资金根本就没有办法凑到。保罗·迪克因此而茶饭不思,闭门不出,非常憔悴。

他的祖母知道了这件事情以后，意味深长地对保罗·迪克说："孩子，庄园被烧了其实并不可怕，可怕的是自己因此而被毁掉。"

听完祖母的话后，保罗·迪克一个人走出了静静的庄园，脑海里始终回想着祖母对他所说的话，对自己的人生开始重新思索。一次，他发现很多人排在一家商店的门口正在抢购些什么，他好奇地走上前去，原来这些人在抢购木炭。木炭！保罗·迪克的脑海里突然浮现出了一个好办法。

保罗·迪克雇用了几个烧炭工，他们决定用两个星期的时间将庄园里的那些烧焦的树木加工成木炭，然后送到集市上去出售。这一想法果然很有效，保罗·迪克很快就卖光了所有树木加工而成的木炭，还收获了一笔不小的资金。他用这笔资金购买了树苗后，重新开始精心打理祖父留给他的庄园，没过多久便有了现在绿树成荫的"森林庄园"。

当我们遇到困难的时候，与其抱怨自己的现身处境，倒不如好好分析一下原因，正确地面对现实，把握自己、充实自己。只有这样我们才能真正认识到自己的不足，从而找到弥补的方法，使自己脱离困境，走向成功。

## 第四章

## 其实你很棒

## 自卑的代价

> 一个人绝对不可在遇到危险的威胁时,背过身去试图逃避。若是这样做,只会使危险倍增。但是如果立刻面对它毫不退缩,危险便会减半。决不要逃避任何事物,决不!
>
> ——丘吉尔

很多人在遇到困难时便会觉得自己一无是处,这样就会导致自己成为一个自卑的人。自卑让你低估自己的形象、能力和品质,总是拿自己的弱点跟别人的长处比,让你觉得自己处处不如别人,没有勇气做自己要做的事,严重时甚至连面对生活的勇气都会丧失殆尽。

自卑心理,人皆有之。正如一位哲人所说:"天下无人不自卑。无论圣人贤士，富豪王者，抑或贫农寒士，贩夫走卒，在孩提时代的潜意识里，都是充满自卑的。"因此你不必因自己潜在的自卑背上过重的思想包袱，你要认识到它是一种消极的心理状态。人生若想有所作为，就必须战胜自卑感。自卑会扭曲现实，给生活带来无谓的思想负担，使一个人的生活道路越走越窄。

我们每个人都有这样的一种心理，那就是我们中的任何人都希望证明自己是最强的、最棒的人物，或者至少也要证明自己不是孱弱的。当一个人得到别人的尊重和肯定时，那人就会表现出很安慰、兴奋和快乐的心情。而当他得不到这种需要，甚至还受到别人的批评、排斥和否定时，就会表现出失落、不安、焦虑以及恐慌压抑的情绪。这一刻，如果你感觉自己与他人相比是毫无价值的，并从心里感到一股隐隐的痛，那么，此时你是自卑的。如果你经常有这种感觉，那么你就是一个自卑的人。

法国科学家、诺贝尔化学奖得主格林尼亚，出生于一个百万富翁之家，从小的优裕生活使他养成了游手好闲的浪荡习气。仗着自己的钱财和英俊的外表，他挥金如土，任意地玩弄着女人。一次午宴上，他见到了一位从巴黎来的漂亮女伯爵，

## 第四章　其实你很棒

像见了其他漂亮女人一样，格林尼亚轻佻地走上前去表达他的"爱意"。女伯爵素知格林尼亚的恶名，此时又见他一副浪子的神态便冷冰冰地说了一句："请你站远一点儿，我最讨厌被花花公子挡住视线！"格林尼亚当时呆住了，这还是他从小到大第一次遭到别人的冷漠和讥讽，这使他羞愧难当。在众目睽睽之下，他突然感到自己是那样渺小、那样被人厌弃，一股油然而生的自卑感使他无地自容。

他离开了自己的安乐窝，只身一人来到里昂大学求学。他彻底洗心革面了，整天泡在图书馆和实验室里。他的钻研精神赢得了有机化学权威菲得普·巴比尔教授的器重。在名师的指点和他自己长期的努力下，最终他发明了"格式试剂"，并先后发表了200多篇学术论文。1912年，瑞典皇家科学院授予他本年度诺贝尔化学奖，由此他成就了自己人生的辉煌。

自卑不仅仅属于某个人，而是人性的弱点。自卑可能将你摧毁，但如果你能超越自卑，便能成为你成功的资本。纵览世界上从自卑中走出来的名人是很多的：法国伟大的思想家卢梭，曾为自己是个孤儿、从小流落街头而自卑；法兰西第一帝国皇帝拿破仑曾为自己的矮小身材和家庭贫困而自卑；松下幸之助，少年生活极为艰难，而正是这种自卑成为他一生奋斗的动力。这些成就非凡的大人物之所以取得了他们人生的成功，就是因为他们能够正确地评价自己，相信自己什么事都可能做好。反之，如果你总是觉得自己是无能的，那就注定要失败。这也就是说，你连自己都看不起，别人自然也就认为你是个无用的人。

受自卑心理折磨的朋友，好好看看上面这些杰出人物的例子吧。只要你改变你的心态，将自卑化为奋发的动力，就能走向成功和卓越。战胜自卑，其实就是战胜丧失信心的自我。丧失自信通常可分为两种情形：一种是暂时性丧失信心；另一种则是从小养成的根深蒂固的自卑感。自卑感并非无法克服，就怕你不去克服。纵观世上，许多成功者都是在克服了自己的自卑后走向成功的。

有一位推销员，在他开始从事这份工作之前，也常为自卑感到苦恼。每当他站在客户面前，就会变得局促不安，结结巴巴，甚至干脆不知道自己在说些什么。虽然对方亲切地招待他，但他总觉得站在人家面前自己是那么的渺小。受这种心理的影响，他的脑袋里一片空白，原本演练多遍的推销辞令变成杂乱无章的喃喃自语，他的工作简直没法再做下去了。

后来，他终于下定决心要克服这种困难。当他再次面对客户时，他干脆把那些客户想象成为一个穿着开裆裤的小娃儿。经过尝试之后，良好的效果出现了：这位推销员说话再也不会吞吞吐吐了，而是非常自然地和客户交谈，他的自卑感也完全不见了！

其实，许多事情的改变并不像你想象的那么难，更何况自卑感完全可以由你自己控制，没有外来因素的干扰与阻碍。自卑对我们的生活质量以及事业发展有着严重的负面影响，要想生活得快乐，要想事业有成，就一定要消除自卑。

## 克服性格上的弱点

每个人都或多或少地存在着自卑的情绪，因为每个人都有自己的缺点。自卑与谦逊不同，谦逊是知不足，而自卑是轻视自己。如果这种情绪严重的话，就会对生活产生负面影响。

有一个女孩，父母离异，这给她造成了很大的创伤，总觉得自己跟别人不一样，所以总是把自己封闭起来，不喜欢与人交往。有时其他同学在一旁说说笑笑，她总觉得他们在谈论自己。老师让同学们自由讨论时，她总是低着头，自己坐在角落里一言不发。她从来不与别人交流，越这样，她就越自卑，整天都是一副郁郁寡欢的样子。其实她的功课很好，人也很漂亮，但她就是摆脱不了自卑的影子。

后来，班里换了一位班主任。他发现了这个情况，便经常给这个女孩做思想工作，又找到班长，让全班同学都来帮助她。于是，几个同学主动与这个女孩接触，跟她做朋友。女孩感到心里很温暖，慢慢地和同学接触，她发现其实大家都不讨厌她，也没有人瞧不起她，甚至还有人因为她的功课好、为人细心而喜欢和她做朋友呢！在大家的帮助下，她慢慢地从自卑中走了出来，而且变得开朗。

有点自卑也是一件好事，它可以让我们发现自身的不足之处。但是，如果只停留在这一点上，那就是一种消极的影响了。如果在发现不足之后能加以改正，那么我们就会不断进步，并逐渐自信起来。

现代社会，竞争越来越激烈，只有具有很好的心理素质才能生存。如果一遇到挫折就否定自己，是不会成功的。而且无论是谁，都不会喜欢一个对自己都没有信心的人。现在是一个需要自我展示的年代，自卑的人只能一个人躲在角落里，看着别人不断进步。

每个人的身上都有弱点，而心理上的弱点可以说是对我们影响比较大的，如果我们不能够克服自己心理上的弱点，在任何方面都不会取得好的成绩。

对自己没有信心、看不起自己、做事喜欢依赖等好多弱点都是我们需要克服的。只有克服自己的弱点，不断地完善自己，我们才会有机会取得成功。

其中自卑就是我们首先需要克服的弱点，有一大部分人都会有这种心理弱点，他们做事情对自己没有信心，总是感觉自己太渺小，没有什么价值，处处瞧不起自己，认为自己很没用。正是这样的心理使他们做事没有勇气，把自己看得一文不值，所以对他们来说，做每一件事情都是那么的困难。

我们一定要克服这个致命的弱点，如果我们一直怀有这种自卑的心理去做事，就会大大减少我们的信心，在做任何事情的时候都不会有好的成就。反过来说，一定要对我们所做的每一件事情拥有坚定的信心，要相信自己一定能够做得很好，就不会自欺欺人。要对自己的生活和工作充满热情，用积极的心态塑造自己的品格，千万不要处处鄙视自己，低估自己的能力。

一个刚刚失去工作的年轻人，非常难过。他为了麻痹自己，一个人来到酒吧喝酒。这已经不是第一次了，之前有几份很好的工作他都很满意，可是不知道为什么，都没有工作多长

## 第四章　其实你很棒

时间就被解雇了。他的工作能力还是很强的,毕业的学校也是在当地很有名的一所大学,可不知道为什么,毕业后参加的几份工作都没有取得领导的认可。

已经是凌晨2点多了,酒吧里就剩下他一个人了,可他还是不想离开,他想用这样的方式一直麻痹自己,从而减轻自己难过的心情。酒吧就要打烊,可他还是不肯离开,服务员只好去通知老板。老板来到了酒吧,一眼就看出了他的失意,就走了过去,与他谈了起来。老板对这个年轻人说:"小伙子,现在已经是凌晨2点多了,再过一会儿天就亮了,你看你已经喝了这么多的酒了,为什么还不回家去呢?"

年轻人看了看老板,年纪和自己的爸爸差不多,在他对自己说这句话的时候,他感到心里非常的温暖,这个时候他很希望能有一个亲人在自己的旁边,希望他们能给自己一些安慰。他愣了一下,对酒吧的老板说:"我现在非常难过,因为我又一次失业了,这已经不是第一次了。我几乎已经对自己失去了信心,为什么我做的每一件事情,都不会成功呢?我这一生就注定这样失败下去了吗?可是我不甘心这样子地生活下去,我不想成为一个平凡的人，我也有我自己的理想，我从小就立下了志愿，一定要成为一个成功的人。"在说这些话的同时，他的眼里闪烁着泪花。他仿佛遇到了自己的亲人，把装在心里的失意一下都说了出来。

老板听了以后非常了解他现在的心情，因为他曾和这个年轻人一样，有过这样的失意，也曾有过和他一样的心情。他对这个年轻人说："在我年轻的时候也和你有过同样的经历，那时候，我一个人从乡下来到城里，为了自己的理想，我也曾做过很多工作，可是也和你一样，都以失败而告终了。但是我并没有放弃自己，在朋友的帮助下，我又一次找到了新的工作，而在做这份工作的时候，我开始学会了分析自己，总结我一次次失败的经验，找到原因，然后克服自己身上存在的弱点。在我年轻的时候，最大的弱点就是在做事情的时候对自己没有信心，总感觉自己不如别人，处处贬低自己，才导致我失去了以前的工作。可是后来，当我了解自己的弱点后，我努力地去克服它，才发现，其实以前好多事情我是都可以完成的，只是在那个时候我不敢去接受，怕自己会把事情搞砸，总是把自己藏在最后,时间久了领导对我也失了信心,自然就失去了这份工作。后来我再也不会像以前那样了,在做任何事情的时候我都会积极向上,给自己信心,相信没有什么事情可以难倒我。结果,现在的我你也看见了,我有了成功的事业,有了幸福的家庭,我还有两个非常漂亮的女儿。"

年轻人听了酒吧老板的一席话后,茅塞顿开,好像已经知道自己该怎么样去做了。

有此我们可以看得出来,自我贬低的性格是一个非常大的弱点,它会使我们对自己没有信心,打击我们向上的精神,使我们振作不起来,从而对生活和工作丧失了奋斗的精神。

培根说过:"人人都可以成为自己命运的建筑师。"当我们面对前进路上的荆棘,不要畏缩,因为通往峰顶的路径会亲吻攀登者的足迹;当我们面对人生路上的挫折,不要灰心,因为试飞的雏鹰也许会摔下一百次,但肯定会在第一〇一次时冲上蓝天。撇开自卑吧,无论在任何困难面前都不要屈服,无论怎样都不要看轻自己,一定要自信,始终以顽强的斗志生活着、奋斗着。

## 战胜自己

> 你若说服自己,告诉自己可以做成某件事,假使这事是可能的,不论它有多艰难,你都能做得到。相反,你若认为自己连最简单的事也无能为力,你就不可能做成,而鼹鼠丘对你而言,也变成了不可攀的高山。

对于一个自卑的人而言,在他眼里几乎所有事情都是灰暗的。因为他总是会过多地看重对自己不利、消极的一面,而看不到有利、积极的一面,并缺乏客观全面地分析事物的能力和信心。这就要求我们客观地分析对自己有利和不利的因素,尤其看到自己的长处和潜力,不要妄自菲薄、自暴自弃。

研究自我形象素有心得的麦斯维尔·马尔兹医生曾说过,世界上至少有95%的人都有自卑感。为什么呢?有句话叫作

## 第四章　其实你很棒

"金无足赤，人无完人"，也就是说我们每个人都不是完美的，都有自己的缺陷。这种缺陷在别人看来也许无足轻重，却被我们自己的意象放大，而且越是优点多的人，越是我们觉得完美的人，他们对自身的缺点看得越严重。另外一点就是，我们经常拿自己的短处来比较别人的长处。其实优点和缺点并不是那么绝对的，就像自卑，具有自卑性格的人通常也比较内向，但内向也有内向的好处。内向的人，听的比说的多，易于积累。敏感的神经易于观察，长期的静思使得他们情感细腻，内敛的锋芒全部蕴藏为深厚的内秀心智，而温和的性情又让他们可以更容易地亲近别人。所以从某种意义上说，缺点也是可以转化为优点，就看你自己怎么去看待。其实，从某种意义上说，缺陷也是一种美。就像断臂的维纳斯，虽然失去了双臂，却从严重的缺陷中获得了一种神秘的美。

我们应该首先从心理上认识到世上并没有完美的事物。大海还有涨潮和退潮，月亮还有阴晴和圆缺，更何况人类呢？就在这种不完美的状态下，我们寻找着欢乐，向不完美发出挑战，在力所能及的范围内做得更好一些，以接近完美。

卢梭说过："种种优劣品质，构成了生命的整体。"正是因为我们都不完美，所以才有了发展的空间。人的一生，就是同自己的一场战斗，不停地挑战自己、改善自己、完善自己，所以，人生才变得有意义。

  美国总统罗斯福小的时候是一个非常胆小的男孩，脸上总是显露着一种惊恐的表情，甚至背课文也会双腿发抖。但这些缺点没有将他打垮，反而让他更加努力地改进自己。他从来不把自己当作不健全的人看待，他像其他强壮的孩子一样做游戏、骑马，或从事一些激烈的运动。他也像其他的孩子一样以勇敢的态度去对待困难。在未进大学之前，他已经通过系统的运动和生活锻炼，将健康和精力恢复得很好了。他努力地改进自己，以至于晚年，已很少有人能够意识到他以前的缺陷，他也因此而成为最受美国人民爱戴的总统之一。

  要想成功，我们首先要做的就是战胜恐惧。一个人的心中少了"害怕"这两个字，许多事情会好办得多。

  玛丽亚·艾伦娜·伊万尼斯是拉丁美洲的一位女销售员，她在20世纪90年代被《公司》杂志评为"最伟大的销售员"之一。在当时女性地位还比较低的时代，她是怎样做到这一点的呢？

  她曾在三个星期中旋风般地穿行于厄瓜多尔、智利、秘鲁和阿根廷，她不断地游说于各个政府和各个公司之间，让它

## 第四章 其实你很棒

们购买自己的产品。而在1991年,她仅仅带了一份产品目录和一张地图就乘飞机到达非洲肯尼亚首都内罗毕,开始她的非洲冒险。她经常对别人说:"如果别人告诉你,那是不可能做到的,你一定要注意,也许这是你脱颖而出的机会。"所以她总会挑战那些让人望而却步的工作,而这种毫不畏惧的精神,也让她成为南美和非洲电脑生意当之无愧的女王。

忘却"恐惧",可以给我们破釜沉舟的勇气。当年的项羽,就是用这种办法激发了三军将士的勇气,在与强大的敌军较量时取得了胜利,并成就了"楚兵冠诸侯"的英名。无独有偶,西班牙殖民者科尔蒂斯在征服墨西哥时也用了同一战略。他刚一登陆就下令烧毁全部船只,只留下一条船,结果士兵在毫无退路的情况下战胜了数倍于自己的强敌。

有时,我们需要的就是那么一种勇气。面对任何困难都不逃避,就算遇到再大的困难也不放弃。

当你静下心来,检查自己失败的原因时,可能会有一个惊人的发现,那就是战胜自己的并非困难,而是存在于内心的恐惧。每当遇到困难,耳边总会有一个声音对我们说:"放弃吧,那根本就是不可能的事。"于是,在这个声音面前,我们内心的勇气一点点消退，我们的信心一点点丧失。人的潜能是无限的，它足可以使我们创造出所有的人间奇迹。而大多数人之所以没有办法将自己体内潜藏的能量激发出来，就是因为怀疑和恐惧动摇了他们的信心，以至于阻碍了潜能爆发的源泉。当你试着抛却恐惧、树立信心、拿出勇气之时，或许你会取得连自己都感到惊讶的成绩。

如果你真地渴望成功，就必须自信。过于自卑，就会使你失去自信心，失去去行动的勇气，同时也会放弃对理想的追求，最终只能是一事无成。因此你若想拥有一个成功的人生，就必须战胜自己，摆脱自卑的束缚。

第四章　其实你很棒

## 不因自身的缺陷而看不起自己

人生正因为有了缺憾，才使得未来有了无限的转机，所以缺憾未尝不是一件值得高兴的事。

在我们的人生旅途中，每个人都不可能一生都一帆风顺，命运总是会或多或少地给我们一些无法解开的难题。但是，只要我们把人生缺陷看成是"被上帝咬过一口的苹果"，那么，我们的生活就会发生意想不到的转变。毕竟在每个人身上，不如意的事情每个人都会有，这是作为人谁都无法避免的事，不同的是，面对缺陷，面对痛苦，你如何去看待，如何去处理。把人生缺陷看成"被上帝咬过一口的苹果"，这个思路太奇特了，尽管这有点自我安慰的阿Q精神，可是，它却让我们有了放弃颓废、拯救自我的理由，而这个理由又是这样的善解人意、幽默可爱，如果你肯这样想的话，那么你的人生就会是另外一番景象。

我们来看看那些成大事者，他们的成功难道不是这样的吗？例如世界文化史上著名的三大怪才，没有一个不是有身体缺陷的：文学家弥尔顿是瞎子，大音乐家贝多芬是聋子，天才的小提琴演奏家帕格尼尼是哑巴，他们身体都有不足，但他们都取得了超越常人的巨大成就。这说明了什么？这给了我们什么启示？如果用"上帝咬苹果"的理论来推理，难道不可以这样说：他们正是由于上帝特别喜爱，才狠狠地被咬了一大口，他们正因为有了这一口，才最终走向了成功之路。

对比一下我们周围的很多人，他们总是在遭受到一点儿不如意时，就抱怨自己时运不济，开始放弃自己的追求，觉得自己不能脱颖而出，这一辈子就这样没有希望了。事实上，对于每一个人来说，人生不如意事十之八九，不完美是客观存在的，也是每一个人都无法逃避的，但我们无须怨天尤人。我们只要记住：当我们失意时，我们要面对自己；当我们成功时，我们也要面对自己。不管是失意还是成功，我们都要有一颗敢于向命运挑战的决心，这样我们就能用坚强鼓舞自己，用知识充实自己，用自己的

## 第四章　其实你很棒

一技之长来发展自己。当我们走向成功时，我们才会发现生命的可贵之处正在于看到自己的不足并且勇敢地改正它。如果我们能做到这些，我们就能坦然面对一切。

世界第一经理人、美国通用电气公司董事长杰克·韦尔奇从小口吃，很多人看不起他，他的同伴也常常嘲笑他，奚落他，但他的母亲却经常劝慰他："每个人都有缺陷，这算不了什么缺陷，命运在你手中。"甚至还用肯定的话鼓励他、表扬他："你其实是一个很聪明的孩子，虽然有点口吃，但这并不能掩盖你其他的优点，你善良、正直。你的口吃正说明了你聪明爱动脑，想的比说的快些罢了。"母亲的话给韦尔奇带来了极大的自信。

正因为韦尔奇对自己充满了自信，结果，略带口吃的毛病并没有阻碍他的发展，反而促使他更加努力奋进。后来，当韦尔奇在事业有成时，注意到他有口吃缺陷的人，反而对他更加敬佩。在他们看来，正是这位有这样缺陷的人在商界才取得了这么辉煌的成就。对此，美国全国广播公司新闻总裁迈克尔甚至开玩笑地说："韦尔奇真行，我真恨不得自己也口吃！"

那些总是慨叹自己不如人的人、那些深感自卑的人好好反省一下自己吧！如果韦尔奇一无所成，那么结果会如何呢？正是因为他在商界取得了辉煌的成就，人们才开始尊敬他，才让他看到了一个被公认为是缺陷的毛病成了人人羡慕的优点。

历史上还有一个人物，他天生矮小，但他却做出了很多大个子们所没有做出的伟大成绩。这个人就是拿破仑。他虽然身材矮小，但他从小就好强善斗。在家里，他时常跟比他大一岁的哥哥约瑟夫打架，他的哥哥总是被个子矮小的拿破仑打倒。对此，他的父母非常头疼这个好斗的孩子，于是，在他10岁时，他的父亲将他送到军官学校学习。由于个头比较矮小，拿破仑初到军校时，备受同学歧视，他没有别的办法对待他们，只有与他们打架。他虽身材矮小，势单力薄，却从不屈服，这种精神使得同学们无不对他敬畏。

1789年，拿破仑积极投入法国大革命。1793年，在与保王党分子的战斗中，拿破仑勇敢作战，他身先士卒，表现出了非凡的军事才能与勇气。因此，拿破仑不断得到提拔，并一再创造军事上的辉煌。后来，在出征意大利和埃及时，他又多次创造了以少胜多的战绩。这些成绩的取得都与拿破仑的信念有关，在他的生活中，他相信自己胜过信上帝。在短短的5年内，

## 第四章　其实你很棒

他由一个默默无闻的炮兵上尉跃升为一个率领十数万大军的将领，靠的全是自己的战功，而不是任何人的提携。

这时，一切的情形都改变了。从前嘲笑他的人，现在都涌到他面前来，想分享一点儿他得的奖金；从前轻视他的，现在都希望成为他的朋友；从前揶揄他是一个矮小、无用、死用功的人，现在也都改为尊重他。他们都变成了他的忠心拥戴者。

罗慕洛穿上鞋时身高只有1.63米，但他却长期担任菲律宾外长，并且工作成绩显著。以前，他总是觉得自己不如他人，经常为自己矮小的身材而自惭形秽。

为了尽力掩盖这种缺陷，罗慕洛在每次演说时都用一只箱子垫在脚下，然而结果他仍然没有出色的表现，他很为自己的这种现状而忧虑。有一次，他到法国考察，偶然间注意到拿破仑的蜡像，这时，他心头一惊，因为他发现自己竟然比拿破仑还高。他想："拿破仑能指挥千军万马，能面对众人侃侃而谈，我为什么不能？"

当他这样想的时候，就决定以后彻底改变自我，于是，罗慕洛扔掉脚下的箱子，并成为一名杰出的演讲家。

后来，在他的一生中，他的许多成就却与他的"矮"有关，也就是说，矮倒促使他获得了成功。以至他说出这样的话："但愿我生生世世都做矮子。"

1935年，罗慕洛应邀到圣母大学接受荣誉学位，并且发表演讲。在演讲的那天，高大的罗斯福总统也是演讲人。在那时，许多美国人还不知道罗慕洛是一个什么样的人。在那场演讲上，罗慕洛取得了巨大的成功。事后，就连罗斯福总统也笑吟吟地怪罗慕洛"抢了美国总统的风头"。更值得回味的是，1945年，联合国创立会议在旧金山举行。罗慕洛以无足轻重的菲律宾代表团团长身份，应邀发表演说。讲台差不多和他一般高。等大家静下来，罗慕洛庄严地说出一句："我们就把这个会场当作最后的战场吧。"这时，全场登时寂然，接着爆发出一阵掌声。最后，他以"维护尊严、言辞和思想比枪炮更有力量……唯一牢不可破的防线是互助互谅的防线"结束演讲时，全场响起了暴风雨般的掌声。后来，他分析道：如果大个子说这番话，听众可能客客气气地鼓一下掌，但菲律宾那时离独立还有一年，自己又是矮子，由他来说，就有意想不到的效果，从那天起，小小的菲律宾在联合国中就被各国当作资格十足的国家了。

身材矮小的罗慕洛，不因缺憾而气馁，敢于坦然面对，并用自己的智慧、胆识加以弥补，从而战胜柔弱，超越卑微，做出了惊天动地的伟业。

这世上不存在完美的人，如果只是因为自身有某些缺陷就深陷于自卑的泥潭中，那么这个世界上就不会有成功者。正视自己的缺点，并尽全力去完善它，才是提高自己、赢取成功的最好方法。只要我们肯付出努力，任何障碍都无法阻碍我们赢取成功。看看那些成功者吧，有哪一个不是对自己充满信心，不畏任何困难的人。

## 其实你很棒

自卑犹如一副沉重的枷锁,束缚着你的手脚,撕扯着你的自信,令你踟蹰不前。折磨得你身心俱疲、奄奄一息,生命如将要熄灭的蜡烛,没有一点儿生气。

蜗牛总觉得自己身份低微,没有什么长处,因此,它对那些比自己漂亮、高大的伙伴们都不敢正视。天长日久,蜗牛把自己完全封闭了,不管外边发生什么事,它都不闻不问,大家也不把它当回事。

这一天,蚯蚓钻出了地面,告诉蚂蚁,傍晚时将有一场大暴雨,叫蚂蚁赶紧通知山上山下的小伙伴,赶快做好准备,以防不测。

## 第四章　其实你很棒

蚂蚁很快通知了小伙伴，当它想到还没有通知蜗牛，到处去找蜗牛时，却怎么也找不到它。原来蜗牛因为自卑，害怕见人，偷偷地躲起来了。

傍晚时分，暴雨袭来。蜗牛由于没有丝毫准备，被山上冲下的雨水卷到山脚，摔得遍体鳞伤。

蚯蚓知道了蜗牛的遭遇后，对它说："你要是还在自卑中生活下去，更危险的事还在后头呢！"

蜗牛听了，沉思起来。

人的自卑心理来源于心理上的一种消极的自我暗示，即"我不行"。正如哲学家斯宾诺莎所说："由于痛苦而将自己看得太低就是自卑。"这也就是我们平常说的，自己瞧不起自己。

也许每个人都有一点儿自卑情节的：他们不仅自己瞧不起自己，还认为自己怎么看都不顺眼，总觉得矮人一头。也许正是因为他们有了这样的自卑意识，结果他们无论在工作中，还是生活中，同样地认为自己怎么看都不顺眼，怎么比都比别人矮一头，自己怎么做都不会成功，总比其他人差。实际上真的是这样吗？其实，只要我们走出自卑的束缚，我们就会找到自己的优点，只要我们充满了信心，我们就会看到另一个世界，我们就会敢于面对一个真实的自我。

说实在的,自卑的人本身其实并不是他所认为的那么糟糕,而是自己没有面对艰难生活的勇气,不能与强大的外力相抗衡,致使自己在痛苦的陷阱中挣扎。所有在生活中说自己为某事而自卑的人们,都认为自卑不是好东西。他们渴望着把自卑像一棵腐烂的枯草一样从内心深处挖出来,扔得远远的,从此挺胸抬头,脸上闪烁着自信的微笑。

疯狂英语的创始人李阳从小性格内向,他不仅自闭而且自卑,面对很多事情都有女孩子般的羞涩感。就是这样一个自卑且英语极差的人,为了挑战自我,挑战自卑,居然苦攻英语,终于创造了"疯狂英语",成了"疯狂的李阳"。此外,新东方教育集团的创始人俞敏洪,同样是曾经深感自卑的一个人,他三次考北大三次落榜,几次出国都被拒签,连爱情都与他无缘,从他的回忆中可以感觉到他曾经是极度自卑的。所以他发出了呐喊:"在绝望中寻找希望,人生终将辉煌。"于是,他的信心成就了新东方,成就了如今统领整个英语培训行业的领军人物。

有个小女孩的事情有点好笑,但它给了我一个很大的启

## 第四章　其实你很棒

示：自卑原来是自找的!

事实也是如此，自卑的确是自己找的。在农村，一般都有穿耳孔的习惯。有个女孩儿也穿了耳孔，可是这个耳孔却因为意外而穿偏了，但是幸运的是这只是有个小眼，不仔细看的话是很难看到的。但是这个女孩却因自己耳朵的这个小眼儿而非常自卑，于是便去找心理医生咨询。

医生问她："眼儿有多大，别人能看出来吗？"

她说："我留着长发，把耳朵盖上了，眼儿也只是个小眼儿，能穿过耳环，可不在戴耳环的位置上。"

医生又问她："有什么要紧吗？"

"哦，我比别人少了块肉呀，我为此特别苦恼和自卑!"

也许我们会说，这个小女孩太过较真了，然而这样的事情在现实生活中却并不鲜见。生活就是这样，如果我们对自己没有信心，让自卑的心困扰我们，我们就会被一些无关紧要的缺陷所包围。最常见的缺陷有：身体胖、个子矮、皮肤黑、汗毛重、嘴巴大、眼睛小、头发黄、胳膊细……这些几乎都是让我们产生自卑的理由，而我前面所说的"耳朵上的一个小眼儿"也是其中一个。然而实际情况如何呢？只要我们想开了，我们就能坦然面对了。当我们把目光从自卑的人身上转到那些自信的人身上时，便会有新的发现：上帝并不是让他们全都完美无瑕的。如果用"耳朵上的小眼儿"这样的尺度去衡量，他们身上的种种缺陷也可怕得很呢！拿破仑身材矮小、林肯长相丑陋、罗斯福瘫痪、丘吉尔臃肿，但他们都没有因为这些缺陷而停滞不前，相反，他们以此为动力，奋斗不息，结果成就了自己的辉煌。所以说，看看这些成功人士吧，他们身上的缺陷哪一条不比"耳朵上的小眼"更令人"痛不欲生"？可他们却拥有辉煌的一生！如果说他们都是伟人，我们凡人只能仰视，就让我们再来平视一下周围的同事、朋友，你也可以毫不费力地就在他们身上找出种种缺陷，可你看他们照样活得坦然自在。自信使他们眉头舒展，腰背挺直，甚至连皮肤都熠熠生光！

所以说，我们只有正视自己，只有正确地认识自己，才能走出人生的误区，才不会被自己的缺陷所困扰，才能敢于面对真实的自己，才能勇敢地接受现实、接受自我。这才是一个能成就大事的人所应该具备的品质。

心理素质强的人，勇于正视自己的缺点，接受自我。他们接受自己、爱惜自己，无论他们在人生的道路上结果如何，他们都会敢于面对，他们不会因失败而不求进取，也不会因失败而自暴自弃。因为他们知道，自己与他人都是各有长短的、极自然的人。对于不能改变的事物，他们从不抱怨，反而欣然接受所有自然的本性。他们既能在人生旅途中拼搏，积极进取，也能轻松地享受生活。只有勇敢地接受自我，才能突破自我，走上自我发展之路。

在人生的路上，有很多事情都不是外界强加给我们的，而是我们强加给自己的。我们没有充分地认识到自己，才会自卑感严重，在做起事来的时候才会缩手缩脚，没有魄力，结果让许多机会丧失，导致我们最终走向失败。所以说，我们应该注意到，当我们一开始去面对一件事情时，就要鼓足勇气去面对，不要因为自卑而畏首畏尾，也只有丢掉自卑感，大胆干起来，我们才能走向成功。

## 克服自卑

> 骄傲固然不好，但自卑也决不是一件好事情，自卑的人认为自己处处不如别人，习惯用放大镜放大自己的缺陷和不足，总感觉自己不如别人，总感觉自己在别人的面前抬不起头来。

自卑对自己的恶劣影响，会使你自己感觉身上背了一个沉重的包袱，会让你沉重而无奈地走下去，特别是你有自己的选择的时候，自卑会毫不留情地抹杀你的英雄气概，让你至少在做事的起点上，要比别人慢半拍。碰到障碍的时候，可能会令你唉声叹气，甚至一蹶不振，从而否定自己的一切。还会掉进自责的心理陷阱，因此，机会从身边悄悄走掉了，本来轻松快乐的生活却使你感到既痛苦又难受。根源就在于自卑牵着你的鼻子走，自卑主宰了你的生活。

一些心理医生认为，自卑心严重的病人总是自怨自艾、悲观失望，当然有时也不免妄自尊大。自卑的人看似心绪平静，其实他们的心理剧烈地活动着，自卑犹如一条毒蛇一般使他们自己永远耿耿于怀，永远陷入自我设定的漩涡中不可自拔。严重的甚至会有自杀的不良心理倾向。

自卑是一种不良的情绪，会对我们自身的发展造成很大的障碍。因为凡是自卑的人，意志一般都比较薄弱，遇到困难时容易退缩，缺少面对困难的勇气。自卑还会给我们的人际交往带来一定的负面影响。因为自卑的人容易情绪低沉，常会因怕对方瞧不起自己而不愿与别人来往。而人际交往上的困惑又更容易让他走入心灵的死角。所以，自卑是成功的大敌。如果你有这个毛病，就应该尽自己的最大努力克服。否则，就会对自身的发展带来负面的影响。

如何克服自卑呢？以下几种方法可能会对你有用。

第一，全面认识自己，接受真实的自己。认识自己，就是充分认识自己的优缺点。但这并不是终点，我们接下来要做的就是让自己接受这个真实的自己，并不断地加以改正和提高。

对待错误，既不应该姑息，也不应该太过苛刻，因为一两个缺点就把自己全盘否定。世界并不完美，日月尚有升落盈缺，海水也有潮涨潮落，更何况我们这等凡人呢？所以，面对自我，一定要调整好心态。当然，也不能盲目乐观。如果你来个"鸵鸟政策"，那只能自欺欺人。而且你的视而不见，也会让缺点一点点扩大，直到最后，把你吞没。当我们可以正确面对自己的时候，我们的身心也就会真正地成熟起来。

第二，转移注意力。消极情绪是每个人都会有的，关键是当它到来时，你要及时将其化解，这样它就不会对我们造成伤害了。

化解这些不良情绪最好的办法便是转移注意力。例如，男士最常用的排解忧郁的方法便是运动。可以通过打篮球、跑步等办法来发泄。也有的人一遇到烦心事喜欢喝酒，一醉解千愁。但是，往往酒醒以后，头脑反而会更加清楚，烦恼也会随之而来了。就算是为了排解郁闷，也应该有度，酒多伤身，到时反而连自己的身体也赔进去了。

而女士一般都喜欢发牢骚，把自己的不快向朋友、亲人一吐为快。再就是购物、逛街或索性大哭一场，哭过之后，也就雨过天晴了。无论哪种方法，只要能将心中的不快排除出去，对你就是有益的。

第三，分析自卑产生的根源。如果你有自卑的心理，就要静下心来，让自己想一想产生这种心理的根源是什么。能力、家庭、相貌，还是小时候所受到的心理伤害。当你明白了病因，也就可以对症下药了。其实，大多数情况下，都是我们过于夸大内心的感受。比如，你的容貌，或许你认为自己不够漂亮、英俊，但实际上别人并不会在乎这么多，只不过是你自己将内心的感觉放大罢了。

大多数情况下，自卑是建立在虚幻的基础上的，是我们的心理在作怪，与现实并没有太大的联系。比如，你小时父母离异，于是便会觉得别人都看不起你。但其实别人并没有这种想法，是你将自己的思想弯曲了。如果你可以纠正自己的思想，那么也就可以克服这个毛病了。

第四，积极行动，证明自己的价值。之所以会自卑，就是因为我们不自信。一个有信心的人是不会受这种消极情绪影响的。所以，自信是消灭自卑的良药。

如何才能建立自信呢？其实很简单，那就是行动起来。其实，恐惧是我们内心最大的敌人，好多时候，并不是我们的能力有问题，而是我们的心理有问题，所以才会在困难面前败下阵来。当你真地鼓起勇气时，也就没有什么可以把你难倒了。

可以给自己制定一些小小的目标，开始的时候不要太难，否则就会挫伤我们的积极性。当你一个个实现了自己的目标时，信心也就会一点点地增强，并在成功的喜悦中不断走向新的目标。每一次的成功都会强化你的自信，弱化你的自卑。当你切切实实感到自己能干成一些事情的时候，你还有什么理由去怀疑自己呢？

第五，从另一个方面弥补自己的缺陷。或许，你自身的确有某些缺陷，比如生理上的，让你感觉很自卑。而这些，是我们没有能力改变的。但是，我们却可以通过另一种方式来弥补。比如，盲人的视力不好，但是触觉和听觉却比正常人要灵敏得多；你的身材矮小而又肥胖，连衣服都很难买到，这让你很难为情，更当不了什么模特，进不了仪仗队。但是，这个世界上对身材没有过多要求的工作有的是，关键是你要用一种积极的心态让自己去面对。

鱼儿虽然没有翅膀，却可以在水里遨游；雄鹰没有强健的四肢，但却可以在天空翱翔。我们的缺陷，反而会激发出另一方面的潜能。只要你能调整好自己的心态，便可以扬长避短，使你更加专心地关注自己的成长方向，从而获得超出常人的发展。

第六，建立外向的性格趋势。有自卑心理的人，一般也都有自闭的倾向，喜欢把自己封闭起来。而这种封闭又很容易会让我们陷入自己的消极情绪中去，因此形成一个恶性循环。

其实，性格的内向与否，完全取决于自己。当你认为自己性格内向之时，便会赋予自己内向封闭的自我形象。而一旦它进入你的潜意识，便会约束你的行为。所以，你必须学会敞开自己的心扉。当阳光照射进来的时候，你也就不会再害怕黑暗了。

在这个世界上，我们每个人都是独一无二的，所以，没有必要自怨自艾。要学会爱自己、欣赏自己。当你学会用一颗乐观的心态来看待自己的时候，你的内心也就会变得更加的成熟，而在生活中，也就会变得更加的理智了。

第五章

# 不畏挑战

## 胜利就是向自己挑战

> 失败是对一个人人格的考验。在一个人除了自己的生命以外,一切都已丧失的情况下,内在的力量到底还有多少?没有勇气继续奋斗的人,自认失败的人,他所有的能力便会全部消失。而只有毫无畏惧、勇往直前、永不放弃人生责任的人,才会在自己的生命里有伟大的进展。

自从我们人类诞生的那一天起,就不停地与大自然进行着较量。我们征服河流,让它为我们灌溉农田;我们驯服野兽,让它们为我们服务;我们征服自然,让它听从人类的指挥。我们创下了一个又一个奇迹。我们骄傲,我们自豪,好像我们就是万能的上帝。但是当我们静下心来的时候,却往往发现还有一个最大的敌人没有被我们征服,那就是我们自己。因为自己的心念，往往不受自己的控制，那才是我们最顽强的敌人。

或许有人会觉得这有些危言耸听或者夸大其词，但事实却是如此。据科学家分析，人类所发挥出来的能量只占自身所拥有的全部能量的4%左右，也就是说，我们每个人的身体内都潜藏着巨大的能量，而如果这些能量可以全部爆发的话，我们完全有能力创造出比现在辉煌得多的业绩。但是，这些能量却被深深地埋藏起来，而埋藏这些能量的，往往就是我们自己。

我们总是不相信自己，总是怀疑自己，总是看轻自己，于是我们体内所潜藏的那些能量也就在我们的怀疑之中渐渐消退，所以我们放弃了，也就失败了。其实，只要我们全力以赴，是可以将事情解决的。但是我们自己却出卖了自己，让自己成为自身的俘虏。

美国有个位性分析专家罗伯特有一次在自己的办公室里接待了一个人，这个人原来是个企业家，家财万贯，但是由于后来经营不善而倒闭，而他自己也从一个叱咤商场的风云人物沦落为一个流浪汉。

当这个人站在罗伯特面前时，罗伯特打量着眼前的这个人：茫然的眼神、沮丧的神态、颓废的样子。当罗伯特听完这个人的讲述之后想了想，对他说："我没有办法帮你，但是如

## 第五章 不畏挑战

果你愿意的话,我可以给你引荐另一个人。在这个世界上只有这个人可以帮你,可以让你东山再起。"

罗伯特刚说完,这个人就激动地站了起来,拉着他的手说:"太好了,请你马上带我去见他!"

罗伯特带着他来到一面大镜子跟前,指着镜子中的人对他说:"我要给你引荐的就是这个人,你必须彻底认识他,弄清他,搞懂他,否则你永远都不可能成功。"

流浪者朝着镜子走了几步,望着镜子中那个长满胡须、神情沮丧的人,他把自己从头到脚打量了几分钟,然后后退几步,蹲下身子哭了起来。

几天后,罗伯特在街上见到了这个人,他几乎认不出他来了,只见这个人西装革履,神采奕奕,步伐轻快而有力,原来的那种沮丧和颓废一扫而光。他见到罗伯特立刻前来握住他的手说:"谢谢你!我现在已经找到了一份很不错的工作。我相信凭我的能力,我一定可以东山再起。到时我一定会重重答谢您的!"

果然,不到几年的时间,那个人果然又重新创办了自己的

**企业，再次成为当地的名流人物。**

假如你和一般的失败者面对面地交流，你就会发现他们失败的原因了。这是因为他们缺乏一种挑战精神，缺乏足以激发人、鼓励人的环境，缺乏从不良环境中挣扎奋起的力量，最终使得他们的潜能没有得以激发。世界上许多出身卑微的贫穷孩子，他们做出了无数不平凡的事业。例如，富尔顿发明了推进机，最终成了美国著名的伟大工程师；法拉第在实验室内经过反复的药品调制，最终成了英国出色的化学家；惠特尼通过不断地研究店里的工具，最终发明了轧棉机。此外，小小的缝针和梭子也使他成了缝纫机的发明者；最简单的机械也让贝尔发明了对人类文明有了巨大的推动作用的电话。从这些成功者身上我们可以看到，如果一个人不怕拒绝挑战，不怕甘于落后，他们就敢于去挑战困难，去做更伟大的事情。但是，在很多人眼里，我们却看不到那战斗的火焰在闪烁跳跃，看到的是在他们经历了一段时间的奋斗之后，他们最终又走向了失败。这些都是可惜的，因为，他们浪费了成功的资源。然而，能够向自己挑战的人，势必会成为像一名身经百战、骁勇善战的将军一样，做好了一切准备，随时准备出击，以此争取更大的胜利。

在这个世界上，能够击败我们的只有我们自己，只要我们自己不放弃自己,是没有人可以战胜我们的。但是,我们却总是让自己生活在自己所设计的囚牢里。当然,人性是有弱点的,这一点我们不得不承认。一路走来,我们好像总是生活在与别人的较量之中,而唯独忘记了我们自己。但事实是,要想战胜别人,先要战胜自己。

美国《运动画刊》上曾经登载过一幅漫画,画面是一名拳击手累得瘫倒在训练场上,标题耐人寻味——突然间,你发觉最难击败的对手竟是自己。

1953年,科学家沃森和克里克从照片上发现了DNA的分子结构,并提出了DNA螺旋结构的假说,这标志着生物时代的到来,而他们也因此而获得了1962年度的诺贝尔医学奖。其实,早在1951年,英国一位叫弗兰克林的科学家就从自己所拍的DNA的X射线衍射照片上发现了DNA的螺旋结构。但由于她生性自卑,且怀疑自己的假说,所以与成功失之交臂。

人的本性,注定我们内心有许多的不坚强;自己,往往是最可怕的对手。为了成功,我们必须战胜自己,因为这往往是我们通向成功的最后一道屏障。

一个人只有战胜自己,才能成为自己的主人;一个人只有成为自己的主人,才能把握自己的人生。战胜自己需要坚强的意志,只要你有一个坚定的信念,就一定能够超越自己。

自己与自己的较量是最残酷的,也是最惊心动魄的,因为我们面对的不是别人,而是我们自己,他和我们一样强大,他很了解我们的内心。只要我们稍不留神,就会被他钻了空子。他也很了解我们的防守和进攻,在这个敌人面前我们几乎就是个透明人,一不小心就会被他击败。在人生的道路上,有的人能够成功,有的人却总是失败。而所有能够成功的人都是打败自己的人,那些被自己打败的人,也是生活中的失败者。

如果我们渴望成功,我们一定要坚信地对自己说:"向自己挑战!"我们每天都要对自己说:"挑战,挑战!无限的成功就是无限的挑战,千万不要停止对理想的追求与挑战!"如果我们有勇气向自我挑战,就会获得一种奋发向上的动力,就会马上进入成功的状态。所以说,如果我们想要让自己成为一名高贵的领导者,让自己的事业不断上升,就马上向自己挑战吧!毕竟向自己挑战是一项勇敢的举动,是伟大的——对自己的挑战,就是向一切竞争者挑战!

第五章 不畏挑战

## 克服内心的恐惧

> 不要让恐惧扼住你的心灵,那只会让你尝到失败的滋味。许多事情并不是我们做不了,而是我们不敢去尝试,也就让自己白白失去了机会。其实,只要拿出你的勇气,你就会发现自己其实可以做得很优秀。

恐惧是我们发挥自身潜能的头号敌人。因为它会让我们怀疑自己,不相信自己,让我们在面对困难时提前缴械投降。而如果我们心中没有这种恐惧的感觉,那么我们在面对困难时就会迎难而上,我们的勇气就会被激发出来,我们自身的潜能也会得到释放。

关于恐惧,很多都是庸人自扰。如果不明了恐惧,不懂妥善利用它,它可能是你迈向成功的绊脚石,使你畏惧、自卑、失落，由有价值的人生变为无价值的人生；如果你能妥善利用它，它就可以成为你成功的踏脚石。

就像中国香港首枚奥运金牌得主李丽珊，她无负香港市民对她的期望。在电视访问中得悉，她参赛的目标很明确，她也很感激关心她的每一个人，特别是香港人对奥运奖牌的期望都集中在她身上，她利用这种恐惧的力量（恐惧失败），把它化成坚毅不屈的行动，把它转成一股炽热的信念火炬。如果李丽珊只是恐惧，她肯定会失败，就是因为她拥有双重火热的情绪：恐惧与信念，她把它们化成行动，相互交织，相互点燃，加上一个清晰明确的金牌目标，最后她才能够达至成功的彼岸，这就是为什么她真诚地说那面金牌是代表香港人取得的。

人体的潜能是无限的，如果我们可以很好地挖掘的话，那么就不会有任何外在的事物可以攻击我们。这也就要求我们要把自己的态度调整过来，时时往好的方面去想。比如，工作上碰到了不如意，可以把它当作磨炼自己的一次机会而不是在那里怨天尤人。其实，当你真的去做的时候，就会发现事情没有自己想象的那么糟，而自己也完全有能力解决。但如果我们被心中的恐惧所俘获，就只能在困难面前乖乖就擒。

## 第五章 不畏挑战

有一个推销员一直想当上公司里的"首席推销员"，为了达到这个目标，他必须在一周之内完成50万美元的销售任务。但是直到星期五，他才完成了30万美元，刚到任务额的一半特点。他问自己是不是要放弃，因为离星期一只有两天的时间了，而在这两天之内去完成20万美元的销售任务是非常困难的。但是他最后下定决心一定要达到目标，无论付出什么样的代价。于是，当星期六人们都休息的时候，他又出发了。一直到了下午3点多钟，他还没有达成一笔交易。他当时有点泄气，后来他告诉自己无论如何都必须完成自己的目标。经过思考，他觉得交易成功与否很大的因素是在销售员的态度上，于是，他在心中默念了10遍"我是最优秀的"，让自己重新振作起来，整个人看上去神采奕奕。结果到了晚上，他拿到了两笔订单，而这两笔订单的销售额就达到了10万美元。现在，他只差最后的10万美元了。这给了他很大的勇气，第二天，他又以全新的状态投入到新的工作中去，他告诉自己一定会成功。结果在晚上10点钟左右，他谈成了自己的最后一笔订单，不但达到了预定的任务额，而且还超过了5万美元。

有时并不是我们做不到，而是我们提前选择了放弃。只要你不让自己生活在恐惧中，不去否定自己，而是尽自己的最大努力，那么你会发现成功很容易。因为我们体内蕴藏的能量可以让我们出色地完成任何繁重的事务。所以，不要让恐惧成为阻碍自己成功的杀手。相信自己，你就一定能行。那么，我们如何做才能克服内心的恐惧呢？

首先，建立自信。信心，是一切力量的来源。一个心中充满自信的人在生活中也会更加勇敢。信心完全是被训练出来的，而不是天生就有的。你所认识的那些能克服忧虑，无论身处何地都能泰然自若、充满信心的人，都是磨炼出来的。

要想建立起信心，首要的一点就是要充分认识到自己的长处。一个人只有学会欣赏自己，才能充满力量。另外，就是充分利用这种长处。自身的长处是我们的资本，我们只有将其转化，才能实现人生的最大价值。

其次，是学会赞美自己。当然，谦虚是人类的美德。但是，谦虚也是在承认自己价值的基础上所表达出的一种行为。如果没有"承认自己"这个前提，那么就不是谦虚，而是自卑了。

一个没有自信的人，就会对未来感到害怕。对未来感到恐惧还会使人麻痹，令你失去活力和面对困难的勇气。你必须学

## 第五章 不畏挑战

会及时将这些不良情绪清除，建立起信心。信心的建立需要一个很长的过程，需要我们在生活中慢慢地培养。

再次，加强体育锻炼。一个体质好的人承受压力的能力也相对更强，因此在面对困难时也就更能保持一个良好的心态。就像革命战争时期，无论环境多么恶劣，我们的先辈们却仍然坚持锻炼身体一样。因为他们明白一个道理：身体是革命的本钱。相反一个体质弱的人其承受压力的能力也就越弱，因此在生活中也就少了许多勇气。因此，我们要注意加强体育锻炼，增强自己的体质，提高心理承受能力。

最后，多参加一些具有挑战性或冒险性的运动，例如登山、跳伞、冲浪等。我们可能有过这样的经验，那些喜爱冒险运动的人在生活中也会很勇敢。这是因为恶劣的环境激发了他们的勇气，而这些也会在他们的生活中得以体现。所以，可以使自己有意识地从事一些具有挑战性的活动，这种方法往往很有效，久而久之，你也会慢慢地变得勇敢起来了。

生命，有如无限丰富而又深不可测的大海。而我们便生活在这浩瀚的大海之中。如果你能够应用你心智的定律，以和平代替痛苦，以信心代替畏惧，那么在生活中，你将所向披靡。

## 绝不向困难低头

> 每个人都会遇到困难，对于想要摆脱平庸、立大志成就事业的人来说，在困难面前要勇于进取、勇于面对是一种必不可少的精神，同时也成为每一位成功者为事业、信仰而努力奋斗的具体体现。

人的一生不可能是一帆风顺、一路平坦的，如果真的有这样的人，那他也并不快乐，因为他失去了做人真正的意义。由于在我们生活中会遇到许多坎坷和困难，所以我们需要勇敢地去进取、去面对，若不去正视与克服，这些关隘就会彻底地堵塞通往成功的大路，而克服这些困难就需要我们具备这种知难而进的精神，如果具备了这样的精神，那么通往成功的必经之路就为我们打开了。

## 第五章 不畏挑战

一些人空有一身的才华和远大的理想，却一生都没有成就。一部分原因就是他们没有战胜困难的勇气。在每次遇到困难的时候他们都不敢勇敢地去面对，就连尝试的勇气都没有。他们害怕失败，这些人觉得自己这样的优秀，一旦失败了就会招来别人的讽刺，就会失去原有的形象。所以他们连面对困难的勇气都没有，就更别说去战胜困难了。这样的人永远都不可能会取得成功。我们不但要拥有面对困难的勇气，还要勇敢地去战胜困难，绝不在困难面前低头。

在一次体检当中，有两个人被怀疑得了肺癌。在给他们做透视的时候，他们的胸部都有一块阴影，医生准备为他们做详细的检查。

两个人坐到了一起，第一个体检的人对第二个体检的人说："如果我真的患有了癌症，那将用上帝留给我的时间去旅行，去我以前想去的地方，我不想让我的人生留下什么遗憾。"第二个人听了这番话后，非常地赞同，他也有这样的想法。很快医生为他们诊断出了结果。第一个人的确得了肺癌，他的病情随时都会恶化，有可能是一年，有可能是一个月。上帝留给他的时间不多了。而第二个人并没有患癌症，只是一块肿瘤，只要把它切除就不会影响到身体健康。

第一个人得知了自己的病情后，并没有听从医生的建议：让他留在医院，一旦病情恶化可以得到及时的治疗。他选择了离开，准备去完成自己以前的理想，去自己想要去的地方。可第二个人却留了下来。

第一个人离开医院后，辞掉了工作开始了自己的旅行。在以后的时间里他每天过得都很开心，去了很多以前想要去的地方，吃了很多自己以前想要吃的小吃，他快乐地生活着每一天，早就把自己生病的事忘在了脑后。是勇气让他走到了今天，当他知道自己身患癌症后，并没有放弃自己的生活，而是坚强地战胜了病魔，勇敢地去实现自己的理想。正是这种勇气让他从新认识了生活，因此他才能延长自己宝贵的生命。

当我们面对困难的时候一定要拿出勇气积极地去面对，只有敢面对困难的人才可能有机会战胜苦难，如果一个人每次遇到困难都选择逃避，那么他就连体验失败的机会都没有。我们不需要惧怕困难，有些时候困难只是出现在一件事情的表面。只要我们勇敢地面对它，不去在意周围环境给我们带来的任何影响，那么当你战胜困难的时候就会发现，其实它并不是一件

## 第五章 不畏挑战

可怕的事情，你完全有能力去战胜它。

有一处山势险恶的大峡谷，两面都是悬崖峭壁，下面是奔腾的水流。要想从这里通过，唯一的一条路就是峡谷上面的一座吊桥。这座桥看上去并不是很安全，只是用几块木板简单搭建而成的。两面是陡峭的悬崖，下面是奔腾的急流，想要从这座桥上通过，需要极大的勇气。

一个聋哑人和一个正常人同时来到了桥头，聋哑人因为听不见峡谷下面奔腾水流和耳边呼啸大风的声音，所以并没有对这些感到恐惧。而那个正常人却不一样，他被水流声和呼啸的大风吓坏了，两条腿都有些发抖。可要想通过峡谷，眼前这座桥是唯一的出路，他们都有事在身没有别的选择。

盲人第一个走上了桥，他扶着旁边的铁链一步一步地往前走。没过一会儿他顺利到达了对岸，又继续赶路了。

那个正常人一点点地靠近吊桥，吓得满头大汗，两手紧紧地抓着旁边的铁链，越靠近中间桥就晃得越严重，脚下的急流发出"轰轰"的声音，他吓得两腿发软，再也没有办法前进一步了。他想回去可自己的脚根本就不听使唤，在一阵挣扎后他实在是坚持不住了，脚下一滑就这样离开了这个世界。

聋哑人能顺利地通过吊桥的原因是因为他听不见水流的声音，这样就减少了他的恐惧感，当他内心没有了恐惧，便很轻松克服了眼前的困难。这个正常人失败的原因就是他被困难表面的恐惧吓倒了。他没办法克服这样的恐惧最终导致他失去了生命。

在我们生活和工作中也是一个道理，有很多困难只是存在于表面，如果你鼓足勇气去克服去战胜它们，就会发现其实你面对的困难并没有自己想象得那么可怕，你完全有能力去战胜它。当我们遇到困难的时候千万不要退缩，也不要让自己的内心产生恐惧，勇敢地去面对它，绝不向困难低头。

第五章 不畏挑战

## 勇敢地迎接挑战

> 逆境和挫折可能使懦弱者陷于怨恨、消沉和灰心的情绪中而不能自拔，甚至完全屈服于逆境；但对于信念坚定、意志坚强的人来说，逆境和挫折会成为激发自己有所作为的神奇力量，所谓"艰难困苦，玉汝于成"，只有在逆境中不气馁、敢于拼搏、奋勇当先的人，才能开辟出通往胜利的道路。

每个人的成功都离不开冒险和挑战，如果这个世界上没有挑战，就不会有成功。从某种意义上讲，所挑战的困难有多大，那么你获取的成功就会有多大。挑战是成功最基本的前提，如果你拥有一颗勇敢迎接挑战的心，那你注定就不是一个平凡的人。如果你是一个刚刚踏入社会的人，你需要一颗敢于挑战的心，它可以帮助你取得成功的机会。如果你是一个已经取得成功的人，那你更应需要一颗挑战的心，它可以让你赚取更大收益。虽然每一次挑战不见得都会成功，因为大家知道想要成功只有一颗敢于挑战的心是不行的，可一旦你缺少挑战的勇气，不管你其他的因素有多好都很难走向自己人生的最高点。那些不敢迎接挑战的人还没开始奋斗，其实他们就已经失败了。没有不起风浪的大海，也不存在没有坎坷的人生。挑战困难意味着让我们的生活更加丰富。

　　这世上生存这样一种鱼，它们无比的聪明。如果你想用一般的手段抓住它比摘下天上的星星还难。它的名字叫胎鱼，胎鱼在水里游动的速度非常快，身子又是透明的，即使它停在那里不动都很不容易被发觉。

　　尽管它如此的狡猾，可还是逃不过那些有多年经验的渔夫。他们有更好的办法来对付胎鱼，其实办法非常的简单，只要在出去捕鱼之前带一根绳子就可以了。两名渔夫各划一条小船拉开一段距离，然后每人拉着绳子的一头慢慢划船，让绳子贴着水面慢慢地靠近岸边。当就要靠近岸边的时候岸上的渔夫就可以收网了，这样他们就会捕捉到狡猾的胎鱼。这是为什么呢？听上去和一般的捕鱼没什么两样，只是多一根绳子而已。

## 第五章 不畏挑战

没错！就是这根绳子起到了关键的作用，如果没有这根绳子相信在渔夫收网的时候他们不会捉到一条胎鱼。胎鱼有一个致命的弱点，就是它们有些狡猾过分了，只要有一个影子出现在它们面前，它们宁愿死也不会靠近。绳子的影子透过水面映到了水底，这些狡猾的胎鱼没有勇气穿过影子，只能一点点地被逼向岸边，这时岸上的渔夫一收网，这些狡猾的家伙很轻松地就被捕上来了。

如果这些胎鱼可以挑战一下自己，那么它们就能改变自己的命运。我们的人生也是如此，也会遇到一些自己认为不可逾越的影子，如果我们做出了和胎鱼一样的选择，那么我们的命运也就会和胎鱼一样走向人生的死胡同。

我们经常会看到这样的一些人，他们对生活没有一点儿上进心，过一天算一天。他们认为，能够顺其自然随心所欲才是最好的生活方式。但是，如果事事顺其自然就不会得到磨炼自己的机会，那也就不会有所成长，你将永远停在一个无所事事的人生里。

是有很多人希望自己的生活能够平平淡淡，在没有风浪的大海里遨游。可这根本就是一件不可能的事，谁能知道自己未来的命运会是什么样子，你就可以保证大海不会起风吗？当然没有人可以保证。如果我们一直这样顺其自然地活下去，没有一点儿想挑战的心理，那当你真正遇到风浪的时候就会发现自己连一点儿反抗的能力都没有，只能任人宰割。

巴乌斯住在里加海滨一幢暖和的小房子里。

这座房子靠近海边。在不远处有一个村子，里面的人世世代代都靠捕鱼为生。而总会有一些人出去了以后就再也没回来。尽管这样的事情会经常发生，可这里的每一个人都没有向大海屈服，他们仍然继续着自己的事业。因为他们知道想要生活就不可能向大海屈服。

在渔村旁边，竖立着一块石碑。在很久以前这里的渔夫在石碑上刻下这样一段话：纪念在海上已死和将死的人。一天，巴乌斯看到了这句话，当时他感觉有些悲伤。有位作家在听他讲述这句话的时候，却不以为然地摇了摇头说："恰恰相反，这是一句很勇敢的话，它表明了这里的人们永远不会服输，无论在任何情况下他们都要继续自己的事业。如果让我给一本描写人类劳动的书题词的话，我就要把这段话录上。但我的题词大致是这样：纪念曾经征服和将要征服海洋的人。"

其实生活就是这样，每个人都会遇到不同的困难和挫折，

## 第五章 不畏挑战

只要你勇敢地迎接挑战，相信就没有我们征服不了的东西。

在一次战役当中，某个军队被困在了一个小岛上。每个能通往小岛的路线都被敌军封死了，岛上的士兵已经没有食物了，他们坚持不了多久。这个军队的总部先后几次派去的增援部队都被对方击退了，对方的火力太强而且对每一个区域都很了解，根本就没办法接近。时间已经过去了半个月之久了，岸上的人本来以为岛上的战友已经全部遇难了，可是一个突然的信息让他们知道原来岛上还有几个战友还坚强地活着，其中还有一名将军。他们修好了被炸弹炸坏的无线电，给自己的战友发过来一段求救信号。部队的总部决定再一次去营救他们。这次并不是派去大量的军队，因为他们知道敌人的防守实在是太周密，根本不可能让一个队伍从那里过去，哪怕你有再强的火力。他们把这样的消息公布出去：如果有人愿意去营救岛上的战友，那当他们回来的时候就会升为上尉。虽然是一次升级的好机会，可大家都知道这么一去十有八九就回不来了，所以消息已经公布一天了，还是没有勇士出现，就在司令感到恼火的时候，有4个勇士出现了，他们愿意迎接这次挑战，希望能把自己的战友安全地救回来。在一番准备后，这4个勇士出发了，他们利用夜色的掩护悄悄地潜伏到了小岛上，在枪林弹雨下他们没有一点儿放弃的想法，最后终于把岛上幸存下来的战友安全地救了回来。回来后他们获得了无数的荣誉和奖励。而那些没有勇敢站出来的士兵，永远都不会体会到那种激动和自豪的感觉。一个不敢勇敢迎接挑战的人，永远都不会体验到成功给我们带来的快乐和喜悦，他们注定一生都活在灰暗当中。

每个人都需要勇敢地去挑战，如果一个人失去挑战的勇气，他就不可能在思想上有所突破。每个人都希望自己有一个好的未来，取得一个辉煌的人生，有些人希望自己可以成为一位名人，有些人希望自己能成为一名富翁。可他们往往都在守株待兔，机会永远不会降临在那些整日就知道盼望和等待的人身上。即使有一天会降临他们身上那也是一种浪费，因为他们根本就没有能力把握住机会。

有一个年轻人在读书的时候就很优秀，在毕业后他总感觉自己有这么出色的能力，一旦有机会到来就一定会飞黄腾达。就这样他没有去找工作而是在家里呆呆地等着机会的到来，时间一点点地过去，半年、一年他还是没有等到合适的工作，他不相信自己有这么高的能力就没有人来聘请他，可事实就是这

## 第五章 不畏挑战

个样子，他一直没有等来机会。终于有一天他的一个同学给他打电话来，说自己的公司正在招聘，让他赶快来试试。这个年轻人心想：这下机会终于让自己等来了，他可以充分发挥自己的能力了。可让他没想到的是，在他没工作多久就被公司给辞退了。虽然他认为自己很有才华，可随着时间的流逝他以前所学到的东西早就已经落后了，他的能力已经跟不上这个社会了。于是，这次机会就这样从他手里溜走了。

无论你有多大的才华多大的能力，都不要让自己停下来。每个人都在进步，一旦你停下来就注定会被甩在后面。那么即使有再好的机会摆在你面前，你也没有能力把握住。我们要不断地努力，时刻挑战自己让自己不断地进步，因为只有这样才能把握住自己的命运。

勇敢地迎接每一次挑战，让自己变得更加成熟，让自己的行动更加果断，让自己变得更强，把自己培养成一个伟大的人。如果你这样去做，相信你的生活一定会有巨大的改变，你一定会取得真正的成功。

## 正确对待失败

> 败是我们生活中的一部分,它和我们的人生是一个整体,是没有办法把它"切除"掉的。

一个人的一生没有失败,那他的人生就不是完整的,这样的人想要取得成功是一件很难的事情,也可以说几乎是不可能的。

其实一个人成功还是失败,完全都是由自己决定。对那些真正想要取得成功、对自己的目标充满信心的人,根本就不会有所谓的失败。他们把失败看成是一次磨炼自己让自己提高能力的机会,把失败看成是成功路上的一块基石。每一次失败后他们都可以从中吸取教训,让自己变得更加成熟,对于这些对自己理想怀有极大信心的人来说,根本就没有真正的失败。

## 第五章 不畏挑战

很多人都追求成功而害怕失败，一旦失败就会表现出一副愁眉不展的样子。实际上，失败并不可怕，关键是你对待失败的态度是怎样的，承认失败的客观性，并不是消极地被失败所左右。我们会失败，要不是我们的方向错了就是我们的方法错了，只要我们从失败中总结教训，在一块石头绊倒后，当面对另一块石头时，就能找到正确的应对措施。多犯一些错误后，我们就应该离成功更近了。换言之，也就是说正确面对失败，失败就会成为成功的基础。

泰国的十大杰出企业家之一施利华应该算是一位传奇人物了，起初，他是一位股票投资者，当他在股票市场无所不敌时，他说我玩够了，我从此要进入另一个行业，于是，他转入了地产业。时运不济的他，把自己所有的积蓄和从银行贷到的大笔资金都投了进去，在曼谷市郊盖了15幢配有高尔夫球场的豪华别墅。可是他的别墅刚刚盖好，亚洲金融风暴出现了，他的别墅卖不出去，贷款还不起，施利华只能眼睁睁地看着别墅被银行没收，连自己住的房子也被拿去抵押，还欠了相当一笔债务。

一段时间内，施利华的情绪低落到了极点，老是在心里问："为什么一向无所不敌的我，会走上这样的一条失败之路，难道我就这样一生再也无所建树了吗？"

几经周折，施利华决定重新做起。他的太太是做三明治的能手，她建议丈夫去街上叫卖三明治，施利华经过一番思索后答应了。从此，曼谷的街头就多了一个头戴小白帽、胸前挂着售货箱的小贩。

很快，施利华做小贩、卖三明治的消息传了出去，人们纷纷在说，昔日亿万富翁施利华在街头卖三明治，由于很多人在传，所以在施利华那儿买三明治的人骤然增多，有的顾客出于好奇，有的出于同情。还有许多人吃了施利华的三明治后，为这种三明治的独特口味所吸引，经常来买他的三明治，回头客不断增多。随着时间的过去，施利华的三明治生意越做越大，他也慢慢地走出了人生的低谷。

在1998年泰国《民族报》评选的"泰国十大杰出企业家"中，他名列榜首。作为一个创造过非凡业绩的企业家，施利华曾经备受人们关注，在他事业的鼎盛期，不要说自己亲自上街叫卖，寻常人想见一见他，恐怕也得反复预约。上街卖三明治不是一件什么惊天动地的大事，但对于过惯了发号施令的施利华，无疑需要极大的勇气。

人的一生会碰上许多挡路的石头，这些石头有的是别人放的，比如，金融危机、贫穷、灾祸、失业，它们成为石头并不以你的意志为转移；有些是自己放的，比如，名誉、面子、地位、身份等，它们完全取决于一个人的心性。生活最后成就了施利华，它掀翻了一个房地产经理，却扶起了一个三明治老板，让施利华重新收获了生命的成功。

曾有人问施利华，当他面对失败后，他是如何面对自己的挫败的，如何及时调整自己的心态来面对这一切困难重新开始？对此施利华就说了这样的一段话："我只是把挫折当作是使你发现自己思想的特质，以及你的思想和你明确目标之间关系的测试机会。如果你真能了解这句话，它就能调整你对逆境的反应，并且能使你继续为目标努力，挫折绝对不等于失败——除非你自己这么认为。"

是啊，当我们面对挫折时如果能这样想，那么我们会怎样呢？答案是继续努力，实现自己的目标，当再一次遇到困难时，勇敢地去战胜他。

美国作家爱默生说："每一种挫折或不利的突变，都带着同样或较大的有利的种子。"如果施利华不能正确地去对待失败，那么，他就不会再有后来的成功，也不会再有以往的辉煌。

我在创办金伟鼎公司的时候，我就强调不欢迎不会犯错误的人。我曾经对我的部下说道："如果你想避免失败，最根本的办法就是：你不去做任何事情。当然这样做你何时也不可能成功，同时不犯错误并不能说明你的水平高、技艺好，而可能反映你根本没有去尝试新的东西。一个人要尝试创新，必须冒着极有可能失败相应增加的风险，最成功的创造者往往是那些失败相对较多的人。如果你想取得成功，那么，你就必然要经历更多的失败。"

我在一本书中看到过这样的一段话：在失败面前，至少应该有三种人：一种人是无勇无智者，他们遭受了失败的打击，从此一蹶不振，成为让失败一次性打垮的懦夫；一种人是有勇无智者，他们遭受失败的打击，并不知反省自己，总结经验，但凭一腔热血，勇往直前。这种人，往往事倍功半，即便成功，亦仅是昙花一现；另一种人是智勇双全者，他们遭受失败的打击后，能够审时度势，调整自己的思维方式，在时机与实力兼备的情况下再度出击，卷土重来。所以，成功常常莅临在他们头上。

"失败乃成功之母"这句话想必大家都已经非常熟悉了，

在每个成功的背后都有着无数次的失败，是那些无数次的失败积累在一起，才让我们取得了成功。在生活中很多人惧怕失败，因为他们觉得一旦失败，所付出的种种努力都将白费。其实我们不用把失败看得如此可怕，因为在每一次失败后，我们都会取得进步，可以得到宝贵的经验。在取得成功的道路上这些经验会帮助我们正确地分析每一件事情。只要我们在失败中获取教训，积累经验，那么每一次失败都会更加坚定我们对获取成功的信心。

## 第六章

# 不轻言放弃

第六章　不轻言放弃

## 不轻言放弃

> 一个人之所以成功，不是上天赐予的，而是日积月累自己塑造的，千万不要因为一时的苦难而选择放弃。成功永远只会属于辛劳的人，有恒心不轻言放弃的人，能坚持到底的人。

莎士比亚说："千万人的失败，都失败在做事不彻底；往往做到离成功还差一步，便终止不做了。"

"永远，永远，永远不要放弃。"这是历史上最短的一次演讲，也是丘吉尔最脍炙人口的一次演讲。此次演讲只有短短的几分钟，然后他就用那种独特的风范开口说："永远，永远不要放弃！"接着又是长长的沉默。然后他又一次强调："永远，永远，永远不要放弃！"

时常听见有些人哀叹自己时运不济，无论任何事情都不能如愿。事实上，真正失败的原因是，他做任何一件事只要一遇到挫折就半途而废。可是继续做下去的人，却因不断地努力，反而获得圆满的成功。

做任何事只要半途而废，那之前所付出的辛苦也就白费了。唯有经得起风吹雨打及种种考验的人，才是最后的胜利者。因此，不到最后关头，绝不轻言放弃，要一直不断地努力下去，以求取得最后的胜利。

坚韧不拔是一种强大有力的品格，它几乎能克服任何不利。它永远使你能居于比你更聪明或更有才华的人之上的优越地位，因为无论智力还是技巧都包含在其中了。成功通常不是一蹴而就的，而是多次努力的结果。

只有意志力强的人才能坚持到底。我们知道，坚强的意志力成就了巴顿将军，他不仅仅是获得一个头衔，在美国的西点军校还竖起了他的一座雕像。他说："当我对战斗的决心和信心犹豫不决的时候，我会义无反顾地去选择战斗。"这正是他性格特征的写照。

我们知道，尤里西斯·格兰特将军一开始是一个默默无闻的年轻人，既没有钱又没有号召力，既没有拥护者又没有很多

## 第六章　不轻言放弃

朋友。然而，比起拿破仑长达20年的战斗生涯，他在6年的战争中经历过更多的战役，赢得了许多的胜利，取得过更多的战功，获得过无数的荣誉。林肯总统评价他时这样说："他之所以伟大，在于他超常的冷静和钢铁般的意志。"

一个人如果有着坚强的意志力，就可以在危险时刻保持镇定自若，就不会在任何困难面前退缩，勇往直前是他走向成功的唯一选择。

当帕利什尔这位年轻的领袖用鞭子抽打一位军官时，这个军官愤怒地拔出一把手枪，然而手枪却没打响。帕利什尔冷静地说："我要关你三天禁闭，因为你连自己的武器都没准备好。"

麦克阿瑟将军带领部队冲向圣胡安山顶时说："我必须像旋风一样奔跑，才能保持永远领先位置而不被别人超越。"

《北京人才市场报》曾报道过这样一件事：一位毕业生到一家公司去面试，三天后，他得到了通知，说他的应聘没有被录取。这位毕业生由于承受不住这种打击，在绝望中想起了自杀。但是，接着他又得到了通知，说是没有被录取是由于计算机故障出了错误，他已经在录取人员范围了，正当他喜形于色的时候，他得到了该公司的电话通知，说他不能很好地面对挫折，必不能胜任今后的工作，如果他以后在工作中遭受打击就会自杀，公司就要承担重大的责任，所以公司决定不能录用像他这样的人。

像这位毕业生一样，成功的机会就在我们自己手中，却因为承受不了挫折，而让机会从自己的指缝间溜走了。没有勇气接受挫折的挑战会导致失去本已积累起的成功的筹码分量，而新的筹码我们又不能拿到，怎么能走向成功的顶峰呢？

没有一个公司愿意聘用意志力薄弱的人。如果遇到一点儿困难就失去恒心、失去理智，这样的人就是生活中的弱者。公司管理者聘用这样的员工无疑是给公司增加麻烦。所以，我们准备做一个什么样的人呢？就要认识到坚持原则，总是生命中最亮丽的色彩。生命因为坚持更耐人寻味；人生也因为坚持，才能挺过风险；企业，也因为坚持，才没有走向终结。

所以说，我们只有坚持，才会让生命更有意义；只有坚持，我们才能将自己置于一种充满信念的境地。一个从来没有体验过坚持的人永远也不会有丰满的世界，只有百折不挠坚持到底的心灵才能有面对内心、审视内心、观照自我的觉悟，才能经受精神的炼狱，达到更高的人生境界。

中国企业界风云人物史玉柱说："一个人一生只能做一个

## 第六章　不轻言放弃

行业，而且要做这个行业中自己最擅长的那个领域。"成功的人往往是那些把自己逼上绝路的人，他们别无选择，只有执着一心地往前走！而不成功的人则往往是因为可选择面太多而分散了精力，以致不堪一击，他们其实是自己打败了自己。

做任何事情都是这样，你必须把心踏实下来然后专注于你所从事的目标，持之以恒地坚持下去。这样，你才可能成功，有时，甚至穷尽一生的精力才能换来成功的橄榄枝。

## 坚持的力量

> 通往成功的路注定坎坷,当困难出现在你面前时,你会逃避吗?我们所看到的所谓的失败者,其中不就是因为他们在困难面前选择了放弃吗?

很多历史上获得成功的人都认为,坚持到底是他们获得成功的重要原因。想象一下,如果司马迁写《史记》没有坚持10多年;司马光写《资治通鉴》没有坚持10多年;达尔文写《物种起源》没有坚持20多年;李时珍写《本草纲目》没有坚持20多年;马克思写《资本论》没有坚持40年;歌德写《浮士德》没有坚持60年,他们能够成功吗?想象一下,如果要你发明一种新的产品,你愿意尝试多少次失败的试验?100次?200次?

## 第六章　不轻言放弃

1000次？还是5000次？

我给大家举个例子吧！这个例子经常被提到。林肯一直梦想着要成为一个伟大的政治家。在他22岁那年，他经商了；26岁那年，他青梅竹马的女朋友去世了；27岁那年，他精神崩溃了。接下来的几年，他在竞选中连续失败。很多人都认为林肯应该放弃了，但是他却坚持了下来，结果走向了成功。

在我们的现实生活中，同样也有一些凭借坚持不懈的精神而取得成功的人。写到这里，我还是想起了张其金的成功也与坚持不懈有着巨大的关系。张其金经常挂在嘴边的话就是："只要我能够坚持不懈，没有什么困难能够难倒我，没有什么挫折能打败我"。他经常对身边的朋友说："坚持自己的梦想，这听起来好像带有一些虚伪的东西，但它的确是你走向成功的前奏，只要你坚持了，你就能感觉到坚持是成就辉煌的前奏，是高潮来临之前的宁静，是朝日喷薄欲出时的五彩光芒。这是非常壮美的坚持，它足以给人最强烈的心灵震撼。如果我们能够在事业中也具备这种精神，我们就能够走向成功。"

"绳锯木断，水滴石穿"，成功永远都属于那些可以坚持到底的人。

在一所小学里，一堂作文课上，老师要求每个人以自己的未来和梦想为主题写一篇文章。班里的28个孩子都写出了自己的梦想，有的说自己以后想当出色的飞行员，因为他在玩转盘游戏的时候头怎么转也不晕；有的说长大后要当一名海军军官，因为她游泳很棒……在这些孩子当中，有一个的梦想最引人注意，因为他是一个残疾人，可他的梦想居然是要做一个成功的赛车手，要开着自己的赛车夺得冠军。

转眼间20年过去了，孩子们当初的作文被老师一直收藏着，一天，他无意间翻开那些作文时突然萌生了一个想法，他想找到以前的那些学生，把这本作文还给他们，看看有没有人实现了自己的梦想。老师便以自己的名义在报纸上刊登了一条广告。报纸登出去后没多久，很多人都给这位老师寄来了信件，表示很想找到自己小时候的梦想，老师便把他们的作文一一寄了过去。到最后只有一个人没有寄来想要领取作文的信，老师还以为他不会来领取了，毕竟20年已经过去了，而且他还记得那个孩子身上有残疾。可就在这个时候，这位老师收到了一个著名赛车手的来信。他在信里说道："我非常感谢老师能为我收藏着这篇作文。从那时起我就坚定自己的梦想，

## 第六章　不轻言放弃

通过不断地努力来实现自己的目标，20多年里我从来没有放弃过，而如今我的目标已经实现了，我成了一名很优秀的赛车手，取得了很多比赛的冠军……"

许多人在很早的时候便确立了自己想要追寻的目标，可往往能够实现的却没有几个。并不是因为他们能力的欠缺，往往是因为他们不能坚持到最后，遭遇一些坎坷或挫折的时候，他们选择了放弃。这不仅使以前所付出的努力通通都白费了，更为可悲的是，如果一个人一直以这样的方式去面对自己所做的事的话，那他永远都不能实现心中的任何一个目标。

成功学讲师陈安之曾这样说："不管做什么事，只要放弃了就没有成功的机会；不放弃，就会一直拥有成功的希望。"

美国石油大王哈默在1956年的时候，购买了西方石油公司。在那个年代，油源竞争非常的激烈，美国的产油区基本被大石油公司瓜分殆尽，哈默一时无从插手。1960年，他花费了1000万美元勘探基金而毫无所获。这时，一位年轻的地质学家提出旧金山以东一片被德士古石油公司放弃的地区，可能蕴藏着丰富的天然气，并建议哈默公司把它买下来。哈默筹集资金，在被别人废弃的地方开始钻探。当时的很多人都认为，哈默的行为是愚蠢的,他不可能有所回报,那块地里根本就没有石油,否则德士古公司是不会放弃的。在种种的质疑中,哈默并没有放弃钻探,他始终坚信自己的选择是正确的。最终他成功了,他钻出了加州第二大天然气田,价值高达2亿美元。

坚持,就是将一种状态、一种心情、一种信念或是一种精神坚定而不动摇地、坚决而不犹豫地、坚韧而不妥协地、坚毅而不屈服地进行到底。在《世界上最伟大的推销员》一书中,作者曾在"坚持不懈,直到成功"部分写道:"我不是为了失败才来到这个世界上,我的血管里也没有失败的血液在流动。我不是任人鞭打的羔羊,我是猛狮,不与羊群为伍。我不想听失意者的哭泣,抱怨者的牢骚,这是羊群中的瘟疫,我不能被它传染。失败者的屠宰场不是我命运的归宿。"

成功者永远不会因为任何因素的影响,便改变自己的念头,更不会因此而失去自信。在他们眼里,坚持就是胜利,一切没有不可能,只要你能坚持去做。如果你拥有了自信,就等于拥有了成功,只要你肯付出努力,无论遇到再大的困难都要坚持下去,成功迟早会属于你。

# 第六章　不轻言放弃

## 练就恒心

> 一个成功的人，无论是致力于获取财富，还是在某一领域里成为顶尖高手，和那些无法成功的人比起来，最根本的差别就在于，成功的人永不放弃，永不言败，他们永远都是能够坚持到最后的那一个。

俗话说，世上无难事，只怕有心人。这个有心，就是恒心，有了恒心，不轻言放弃，再难的事也能成功。没有恒心，遇到苦难就中途放弃，则一事无成，再容易的事也会成为困难的事。

很多人不明白要走多少步才能到达胜利的终点，也没有人清楚沿途会遇到多少挫折。但是，有雄心壮志的人不会因此就停步不前，因为这停步不前本身就是做事最大的潜在的危机。

一个成功者不应该有"不可能""办不到""没办法""没希望"等想法。我们要避免自己有这样的念头。一旦出现这样的念头，就要立即用积极的信念战胜它们。

事实上，我们只要放眼未来，勇往直前，不理睬脚下的障碍，坚定必胜的信念，我们就能够在沙漠里找到绿洲。这就是有必胜的信念。有了这种信念，我们无论遇到什么困难，不管要做出多大的付出，我们都会勇往直前，直到成功。

在困难挫折面前，我们要用坚定的信念鼓励自己坚持下去。不把每一次失败看成是对自己的打击，而是当成又多了一次磨炼，获得一次成功的机会。"失败是成功之母"，每失败一次，再失败的机会就少了一次，成功的机会就增加了一次。我们要相信，挫折只不过是成功路上的弯路而已，成功往往就在拐过弯处，不要因为拐弯看不到前方就放弃，否则那将会成为人生的遗憾。

要做到坚持不懈，除了必胜的信念外，最为重要的就是毅力。毅力是成功之本，是一种韧劲的积累。毅力的表现往往是一个人在挫折中所展示的惊人力量。有了毅力，人们就不会向挫折和困难低头。

那么，怎样才能拥有恒心和毅力呢？有人总结为以下几个方面。

1.对眼前和今后的事都有坚定的信心

只有对眼前和今后都坚定信心,才会不畏人生旅途中的困难、挫折和失败,积极奋斗以克服困难,战胜失败;相反,如果信心不足,就会在困难、挫折和失败面前走回头路。因此要有毅力,一定要培养信心。

2.对眼前的事有强烈的愿望

愿望是人们行动的出发点,一切活动都发源于愿望。弱小的愿望因为弱小,常被旅途中的风风雨雨吹灭,行动没有毅力;相反,任何风风雨雨都不能使强烈的愿望熄灭,除非生命停止。"舍得一身剐,敢把皇帝拉下马","生命不息,冲锋不止",这些都是强烈的愿望。

可见,只有愿望强烈,才能拥有顽强的毅力。要活得有价值,就必须有强烈的成功愿望;要成为富翁,就必须有强烈的发财愿望。只有这样,我们才会有强大的毅力,无论前途多么曲折艰险,都要义无反顾地坚持下去。

3.眼下有明确的目标

眼下有了明确的目标,我们的行动才有方向;有了明确的目标,我们才会被它的吸引力牵引着不断向前迈进。

很多人虽然有成功的梦想，但由于没有将这种梦想用明确的目标体现出来，因此行动很茫然，精力不能集中在一个点上，常常东一榔头西一棒槌的，行动的效率很低，天长日久不见成效或效果不明显，就容易灰心泄气，不再坚持下去。明确眼下具体的目标使我们知道该做什么，该怎么样做，而且容易看到积极行动的效果，预见美好的未来。因此，能够坚持不懈地做下去。

另外，目标价值的大小也影响毅力的强弱。如果目标价值不大，或者根本就没有价值，人们就没有多少兴趣、热情去做。因此，目标价值不大，就很难有毅力。所以，在行动之前，我们要先确认目标价值大小，选择价值大、有长远价值的事情做。这样，我们才能充满热情、充满希望地干下去，才有强大的毅力，恒心就是这样练就的。

4.眼下有明确的计划

有了明确的有价值的目标，并对目标进行分解，将要干的事具体到今天、明天、下一周、下个月、下个季度……只有这样，我们才能按照计划行动，目标才有意义。否则，对于一个笼统的目标，我们的脑子将会茫然一片，无处下手。有了具体的计划，我们就知道先干什么，后干什么，在什么时间干什么。一切心中有数,才会心里不慌,行动才有效率,对所干的事情才有信心、有毅力。

5.有一份积极心

计划做出来了,但要积极行动,才能将梦想变成现实,否则只惊叹于梦想的美好,惊叹于计划的完美,那么梦想只能成为虚无缥缈的幻想,计划只能是一张废纸而已。这就好比登山,如果你被山的挺拔险峻吓倒,停步不前,你就不能领略山顶的风光,更不能体会"一览众山小"的感觉。登山,你唯一要做的就是选择好登山路径之后,就立即行动,一步一步地去缩短与山顶的距离。走一步,增加一分信心,产生一分毅力。

总之,恒心是很多因素共同作用的结果,包括愿望、信心、目标、计划、行动等,将这些环节处理好了,我们就会拥有顽强的毅力。

"有志者,事竟成,破釜沉舟,百二秦关终属楚。苦心人,天不负,卧薪尝胆,三千越甲可吞吴"。我们每个人都有自己的梦想,都想成就一番事业,而这里边一个很重要的因素就是要有恒心,持之以恒方能达到最终目的,想那些成功人士的背后总会有一个恒字的。恒心是一种精神,一种态度,更是一条道路。这就要求我们做事要有恒心,要去克服困难,有一种做不到决不罢休的韧性。难成大事的人，常常缺少坐冷板凳的耐心，这是成大事业的人与平庸的人的区别。

# 第六章　不轻言放弃

## 坚韧不拔

> 天下最难的不过十分之一,能做成的有十分之九。要想成就大事大业的人,尤其要有恒心来成就它,要以坚忍不拔的毅力、百折不挠的精神、排除纷繁复杂的耐性、坚贞不屈的气质,作为涵养恒心的要素。

有一位富翁一直为儿子苦恼,因为自己的儿子已十五六岁了,却一点儿男子汉气概都没有。想想自己当年驰骋商场的样子,再看看眼前的儿子,这让他非常难过。他来到一个训练馆,要求教练把儿子训练成一个真正的男子汉。教练同意了,但是让他给自己三个月的时间,而且在这三个月内他不许来看自己的儿子。富翁点头答应下来。

三个月后，这个富翁又来到了这个训练馆，想看一看自己的儿子现在是不是有进步。教练安排富翁的儿子和一个拳击高手进行比赛。拳击高手出手凶狠，富翁的儿子一次又一次地被击倒在地，但每一次，他都勇敢地爬了起来，再次迎接对方的挑战。就这样，倒下去，再站起来，再倒下去，再站起来……来来回回十多次，但他却从来没有服输。

这时，教练问富翁："你满意了吗？"富翁眼含热泪点了点头，因为他知道，儿子这种倒下去又站起来的勇气和毅力，就是他希望儿子所具有的男子汉气概。

一个人，就要具有跌倒了再站起来的勇气，那是面对挫折所应具有的勇气。只有从失败中不断地走出来，才能变得越来越成熟。

约翰生于西西里岛，在他13岁的时候，由于生活窘迫，父母只好带他来到美国，希望在这儿能交到好运。

约翰读过几年书，特别是来到美国之后，这里优越的教育环境让他学到了不少知识。在他读完高中以后，便离开学校自己独立生活了。他的第一份工作是在裁缝店里帮忙。当时工作很辛苦，薪水也比较低，但是他却干得很卖力。老板见这个小

## 第六章　不轻言放弃

伙子人机灵又能干，便把手艺全部传授给他，让他独当一面。由于他服务态度好，手艺又出众，为店里带来不少顾客，有的人专门从很远的地方跑来找他做衣服。

又过了几年，他用所有积蓄还有从父母那里筹到的一些钱开了一家很小的店铺。由于以前的一些老顾客主动上门，再加上自己没日没夜地干，生意很快就好了起来，全家人的生活也因为这个小小的店铺而稍稍有了点起色。但是，正当约翰高兴之时，一场灾难降临了。那一天，隔壁的孩子放鞭炮，一不小心引燃了附近的一堆柴草，结果火一下就着了上来，最后连房子也引燃了。当人们赶来扑救时，火势已经控制不住了。火势越来越大，其他的几所房子也引燃了，约翰的店铺自然也难逃劫难。由于他的店铺都是易燃品，所以一下便烧了个精光。辛辛苦苦的努力一下诸之东流，他又变得一贫如洗。为了生存，他只好又去别人的裁缝店打工。日子依旧很清苦，全家人也只能依靠他那点可怜的工资，因为他把所有的积蓄都投在店铺里了。

又过了一段时间，他在积攒了一些钱之后，又打算开一个自己的店铺了。他找到了几个合伙人，然后一起租下了一个店面。这次他开的是礼服店，专门给别人定制礼服，有时还从外面买进一些很高档的产品。那几个合伙人负责跑市场，而店里的事完全交由他来打理。开始起步的确很难，他们不停地寻找市场，寻找货源，还要不停地做宣传，每天都要工作到很晚。慢慢地，生意有了点起色。但是，一个晚上，小偷偷走了他店内价值几万元的礼服。其他几个合伙人都埋怨约翰的疏忽，几个人还为此吵了一架，一怒之下，他们撤了资。

约翰现在又一无所有了。因为当时他只负责管理，其他的资金几乎都是合伙人出的。没有办法，他只好再次给别人打工，一切从头开始。

等他的生活稍稍有点起色之后，想开店的念头又在他的头脑里蠢蠢欲动了。这回他找到了几个弟弟，和他们一起联手干。他们卖掉了家里所有值钱的东西，然后又找亲戚借了一点儿钱，开了一间礼服店，为了衣服的式样能够与众不同，他们往往要跑好多地方去挑选货物。后来，约翰想到自己还可以替别人做衣服，因为以前他做的衣服别人都很喜欢，而且这样还可以很快地赚到一些钱，然后再拿去进一些高档的礼服，这个

## 第六章　不轻言放弃

办法果然起到作用。后来,他又研究如何设计,如何制作。店里的生意越来越好,他不得不加雇了人手。后来他又开分店,让几个弟弟分别去管理,并统一管理方式。他的生意越做越大,逐渐成为这个行业里的翘楚。

当别人问他有何感想时,他只是说:"我只知道,从哪里跌倒了,就从哪里站起来,而且要自己站起来,这是追求独立自主的唯一方法,至少对我来说是如此。"

面对失败,应该从中吸取教训。其实每失败一次,就是向成功迈近了一步。失败是通向成功的台阶,一个害怕失败的人是无法成功的。跌倒了,再爬起来,拍掉身上的灰尘,收拾好心情,继续上路。不仅在事业上,在生活中也是如此,这也是我们面对生活所应采取的态度。

## 坚持，没有不可能

> 天底下没有不劳而获的果实，如果能战胜种种挫折与失败，绝不轻言放弃，那么，你一定可以获取成功。不管做什么事，只要相信自己能够成功就有成功的机会，哪怕这件事充满了困难与挑战，但如果你能坚持做下去，最终一定能收获令自己满意的结果。

当我们翻开那些成功人士的个人自传时，我们就能看到他们之所以能够攀登事业的高峰，与他们身上所具备的责任感、强烈的进取心、百折不挠的毅力、锲而不舍的精神，以及难以动摇的自信心是分不开的。这正好说明了，一个人不管他的天赋和受教育程度有多高，能力有多大，他在自己所取得的事业上的成就总不会高过他的自信。这就是说，一个人如果你认为

## 第六章　不轻言放弃

能，你就可能成功；如果你认为你不能，那么你就根本不可能成功。

在安东尼13岁的时候，他就立志要当一位体育记者。正因为他有了这个梦想，所以他非常关心这方面的报道。有一天，他从报纸上看到柯塞尔要到一家百货公司签名售书，他认为自己的机会来了。在他看来，要想成为一名体育记者，你就必须想方设法地去访问那些著名的顶尖专家。在安东尼有了这个主意后，他就借了录音机去采访。当他到达现场的时候，柯塞尔正起身准备离去，见此情景，安东尼有点慌，尤其是看到许多记者都在围着柯塞尔提问最后一个问题，他更感到不知所措。不过，安东尼很快就使自己恐慌的心安静了下来，他钻进人群，挤到柯塞尔面前，用连珠炮的速度说明来意，并问柯塞尔能否接受单独的采访。出人意料的是，柯塞尔接受了。

正是这次采访，改变了安东尼的看法，使他相信凡事皆有可能，没有人不能接近，只要敢开口便能得到。所以，只要我们把成功寓于必胜的信念中，我们就能把不可能的事情变成可能。如果一个人对人生或对一件事没有信心，就会意志消极，行动也不会得力，遇到困难或挫折就十分容易让步或退却，那当然就更谈不上成功了。

现实告诉我们,那些著名的成功人士获得成功的主要原因,就是他们绝不因为失败而放弃。

小说《哈利·波特》的作者,为了出版这本小说,她跑了许多家出版社。但是,由于这类书稿在当时史无前例,所以很多出版社都不肯出版,她不知道跑了多少家出版社,但得到的结果都差不多。当她打算放弃的时候,一种不放弃的信念让她坚持下去,以致最终她的愿望得到了实现。

长跑运动员海尔·格布雷希拉西耶出生在埃塞俄比亚阿鲁西高原上的一个小村里。在他小的时候,每天在腋下夹着课本,赤脚上学和回家,他家离学校足足有10公里远的路程。贫穷的家境使海尔·格布雷希拉西耶不可能有坐车上学的奢望,为了上课不迟到,他只能选择跑步上学。每天海尔·格布雷希拉西耶都一路奔跑,与他相伴的除了清晨凉凉的朝露和高原绚丽的晚霞,还有耳旁呼啸而过的风声。

许多年后,海尔·格布雷希拉西耶多次打破世界纪录,成为当今世界上最优秀的长跑运动员。由于早年经常夹着书本跑步,以致他在后来的比赛中,一只胳膊总要比另一只抬得要稍高一些,而且更贴近身体,这时的他依然保留着少年时夹着课本跑步的姿势。

我们许多人都在想,如果海尔·格布雷希拉西耶并不贫穷,那他会不会成为今天的世界冠军。当海尔·格布雷希拉西耶回顾自己那段少年时光时,他不无感慨地说:"我要感谢贫穷。其他孩子的父亲有车,可以接送他们去学校、电影院或朋友家。而我因为贫穷,跑步上学是我唯一的选择,但我喜欢跑步的感觉,因为那是一种幸福。"

是的,我们谁都不希望贫穷,我们谁都希望过上幸福的生活,可当我们别无选择地遭遇贫穷时,我们要学会把握贫穷给予我们的力量,就像格布雷希拉西耶,因为别无选择而跑步上学。所以说,不要放弃。

我们一直在思考:那些成功者为什么在经历重大挫折之后还能够站起来?为什么他们身处险境却不畏缩?为什么一筹莫展之时他们也要想尽办法,努力奋斗?为什么他们面对威胁还能初衷不改?

有句话说得很有道理,今天的苦难就是明日的辉煌,只要你愿意努力,总会有所成就。

## 做个坚持的人

在每个人的人生旅途中,在每个人积极行动的过程中,一定会遇到许多问题和困难,只有坚持永不放弃的精神,不断自我鞭策,自我激励,才能战胜困难,战胜自我,走向成功。

肯德基炸鸡连锁店的创始人桑德斯,在他年近66岁时才开始从事这个事业。

刚开始创办肯德基时,桑德斯身无分文,但他仍然选择做下去,因为他还有一张105美元的救济金支票。

那时的桑德斯非常沮丧,但是他不抱怨这个社会,也不怪国家,而是问自己:"我对国家和人民做出了什么贡献?答案

## 第六章 不轻言放弃

是没有。"随着桑德斯的自问，他心里有了一个想法：我拥有一份人人都会喜欢的炸鸡秘方，不知道餐馆要不要？他又想，卖秘方所赚取的钱还不够一年的房租。于是，打算和餐馆合作抽提成。

桑德斯是一个会想而且能付诸行动的人。既然有了一个好点子，当然要立即行动。随后，他开始挨家挨户地去餐馆推销自己的秘方，他告诉每一家餐馆："我有一份上好的炸鸡秘方，如果你能采用，相信生意一定非常好，我只要所卖炸鸡的一部分提成。"

当时的桑德斯很穷，连饭都快吃不上了。哪有钱买新衣服穿，许多人都嘲笑他："算了吧！你看你，如果真的有一张上好的炸鸡秘方，为什么不自己开店？为什么穿成这个样？破破烂烂的。"

桑德斯对于别人的嘲笑丝毫不理睬，他仍然坚持自己的想法。每受一次嘲笑，桑德斯就会更加努力，因为他相信自己会成功。

桑德斯最终成功了，他的成功是在1000多次的拒绝之后得到的。当他听到合作者第一声"可以"时,他的眼睛湿润了。因为,在过去的两年多时间里,他的足迹踏遍了美国的每一个角落,累了就和衣睡在他那辆破旧但能开的老爷车里,醒来时又继续遭人嘲笑。他所有的辛酸都在那一刻得到了回报,他高兴地哭了。

美国哈佛大学教授弗格林斯在分析美国历史进程时指出:"其实,我们美国人之所以能够成功,很大程度上是我们竭尽全力、毫不惧怕挫败的结果,我们也曾经遭遇过挫败,但是挫败了从头再来,而我们坚韧的个性又增加了许多。"

在现实中,有很多人找工作碰壁两三次就放弃了,很多人创业失败两三次也就放弃了,可知他们是因为什么不成功了吧!换个角度,如果他们能毫不懈怠地坚持下去,那么他们就离成功不远了。

没有什么东西比坚韧不拔的意志更能让你走向成功。那些得到重用并且成为某一领域权威的人士,没有一个不是在坚持不懈中抓住成功的机会的。他们也许并没有出众的天赋,但是他们拥有坚韧不拔、坚持不懈的心态。

20世纪初,美国亚利桑那州的一位男子,花费了很长的时

## 第六章 不轻言放弃

间去寻找位于兹默斯小镇附近的银矿矿脉。

终于有一次，他在一座小山的侧向掘出了一个大约200米的坑道，没想到矿道里的银矿已经被别人挖掘一空。这位男子因此而放弃了整个计划，心力交瘁的他，不久就带着遗憾离开了人世。

10年之后，一家矿山公司买下同样的地区，并且重新发掘了那个男子放弃的矿脉，没有想到的是，就在距离废弃坑道一米左右的地方，他们发现了从来未曾有过的丰富银矿。

成功与失败之间就只有那么短短的距离，一个人能否成功就在于能否坚持到最后。

歌德用激励的语言来描述坚韧不拔的意义："不苟且地坚持下去，严厉地驱策自己继续下去，就是我们当中最渺小的人这样去做，也一定会达到目标，因为坚韧不拔是一种无声的力量，这种力量会随着时间而增长，是任何失败和挫折都无法阻挡的。"

不放弃，就会一直拥有成功的希望。想真正做成一件事，需要你有锲而不舍的精神，不管我们想在哪个领域做成什么事情，一旦认准了目标，那就一定要坚持不懈地做下去。

坚持不懈是一种不达目的誓不罢休的精神，是一种对自己所从事的事业的坚强信念，也是高瞻远瞩的眼光和胸怀。它不是蛮干，不是赌徒的"孤注一掷"，而是通观全局和预测未来的明智抉择，它更是一种对人生充满希望的乐观态度。在山崩地裂的大地震中，不幸的人们被埋在废墟下。没有食物，没有水，没有亮光，连空气也那么少。一天，两天，三天……还有希望生存吗？有的人丧失了信心，他们很快虚弱了，不幸地死去。而有些人却不放弃生的希望，坚信外面的人们一定会找到自己，救自己出去。他们坚持着，哪怕是在最后一刻……结果，他们创造了生命的奇迹，他们从死神的手中赢得了胜利。

　　因此，当我们面对困难时，绝不要轻易放弃，只要我们在再坚持一下，我们就能变困境为顺境，就能创造人生的奇迹，因为人生就是一个不断与失败较量的过程，只要我们在面对失败时，再坚持一下，成功就会属于我们。看看这句话：什么东西比石头还硬，或比水还软？然而软水却穿透了硬石，这是为什么？是坚持不懈。

## 第七章

## 付出才会有回报

# 第七章　付出才会有回报

## 消除自身的惰性

> 懒惰、好逸恶劳是万恶之源，懒惰吞噬一个人的心灵，就像灰尘可以使铁生锈一样，懒惰可以轻而易举地毁掉一个人，乃至一个民族。

英国著名作家伯顿曾说："懒惰是一种毒药，它既毒害人们的肉体，也毒害人们的心灵。懒惰是万恶之源，是滋生邪恶的温床；懒惰是七大致命的罪孽之一，是恶棍们的靠垫和枕头；懒惰是魔鬼们的灵魂……一条懒惰的狗都遭人唾弃，一个懒惰的人当然无法逃脱世人对他的鄙弃和惩罚。"

马歇尔·霍尔也曾这样说道："没有什么比无所事事、懒惰、空虚无聊更加有害了。"

人与人之间只有小而又小的差异，但是经过机遇、性格、形势的放大，最后结果却是完全不同。因为小小的懒惰和得过且过，最后的结果则可能就是失败。一个懒惰的人会为自己找各种各样的借口，而注定一无所成。

有个懒人，总觉得工作太过辛苦，别人给他介绍的工作他都做不到一个星期就跑回家了。父亲很为儿子担心，因为人总是要生存的。他担心孩子的懒惰会让他饿死。于是，父亲四处托朋友帮忙。可是，大家都知道这个年轻人太懒惰，已经没人愿意帮助他了。经不起老父亲的再三请求，有位朋友就为懒人找了一份工作，并告诉父亲说，这个工作什么都不用干，只要坐在那儿就行了。父亲很高兴，就让儿子去工作了。

原来这是看守墓园的工作，的确什么也不用干。父亲觉得这工作挺适合自己的懒儿子，只要每天坐在椅子上，不用做任何其他的事，相信儿子总能做好。

可是没有过几天，懒人又辞退了守墓的工作。父亲以为是工作没有想象的轻松，便问儿子有什么辛苦的地方。年轻人抱怨道："太不公平了，在整个墓场里，所有的人都是躺着的，只有我一个人坐在那里，这么辛苦的工作，我才不干！"

我们总觉得别人的懒惰是可笑而又让人厌恶的，但是每个

## 第七章 付出才会有回报

人心中都有着天生的惰性。成功的人总是能克服这种天性。

"谁不想睡安稳觉？谁不想早上睡到9点？如果你要求自己的生活得过且过，当然可以。但如果想做成一番事业，就不能。"一位成功的老总在接受记者采访时劝告年轻人要警惕自己的惰性，懒惰成为成功的绊脚石。快乐的生活不是得过且过，而是应该有着自己的目标。克服自己的懒惰是到达成功必须要做的。

老总接着说，自己在当业务员的时候，经常凌晨接到客户的电话，说电脑的程序出了问题需要解决。他从热乎乎的被窝中爬出来，真恨不能把电话给砸了。可是，他知道往往这样的客户是最忠实的客户，他们信任自己，有问题第一个想到的就是自己。就是这样的客户支持着这位老总成立了自己的公司。

同样是一个车壳，为什么德国人就能把它经营成一种荣耀；同样是一个表壳，同样是一把小刀，为什么瑞士人能制造得精致漂亮、无可挑剔。我们无法丢掉骨子里的惰性。小到个人，大到一个国家，要想在竞争中获得胜利，就必须把骨子里的惰性打掉。

富兰克林说："懒惰像生锈一样，比操劳更能消耗身体。经常用的钥匙总是闪亮亮的。"贪图安逸与时代精神格格不入的，亦危害健康，唯有勤奋才是保健康之良方。

有这样一个人，公司破产了他很伤心，朋友为了让他找回以前的自信心，于是劝他出去旅游散心，这个人听从了朋友的劝告去了南方游玩。

一天，他走到了一个湖边，那儿有一个老人在钓鱼，看到年轻人一脸的疲劳，于是问道："年轻人，你这么年轻为什么不快乐地生活，而是选择疲劳地度过一生呢？我在你的脸上看到了许多忧愁，有什么事，说出来让我听听。"

年轻人对老人说："人生总不如意，活着也是苟且，有什么意思呢？我辛辛苦苦建立的企业现在破产了，我还有什么希望呢！"

老人静静地听着年轻人的叹息和絮叨，然后转过身去，在他身边的茶桌上泡了一杯茶递给年轻人，年轻人接过茶杯，可是他看到茶杯里的茶叶是浮在水面上的，于是问老年人："老人家，为什么你泡的茶，茶叶浮于水上呢？"

老人笑而不语，一直看着年轻人，并让年轻人喝茶水。年轻人喝了一口后对老年人说："一点儿茶香都没有。"

这时老人说话了："这可是名茶铁观音，怎么会没有茶

## 第七章 付出才会有回报

香呢？"

年轻人又端起了茶杯品尝起来，然后肯定地说："真的没有一点儿香味啊？是不是你拿错了茶叶？"

这时，老人转过身子，把泡茶叶的水重新烧了一会儿，当水沸腾起来时，老人又取了一个茶杯，再泡了一杯茶。同样的茶杯，同样的茶叶，这时年轻人看到的是一杯茶叶沉于杯底的茶水，而且还有丝丝清香飘出来。

年轻人很想端起茶水尝尝，可是老人挡住了他，又提起水壶把沸腾的水倒了一些进去，这时茶杯里的茶叶上下翻腾，茶香也更加浓了，老人连续倒了3次，杯子里的茶水刚好满到杯口，于是让年轻人端起来品尝。这时年轻人喝到的是香浓的茶水，于是问老人："为什么同样的茶叶，同样的茶杯，同样的水，沏出来的茶水却不相同呢？"

老人点了点头，然后对年轻人说："水的温度不同，则茶叶的沉与浮就不一样。温水沏茶，茶叶浮于水面上，这样的茶水怎么会散发出清香呢？沸水沏茶，反复几次，茶叶沉沉浮浮，上下翻腾它的茶香肯定会散发出来。生活也是如此，在生活当中，你自己的功力不足，勤奋不足，要想处处得力、事事顺心根本不可能。所以要想得到收获，你需要勤奋、努力提高自己的能力。"

年轻人听了老人的话，脸上展现出无比的自信，告谢了老人之后就回到了家里。从此，他做事勤奋，常常向一些前辈请教。不久之后，他重新成立了一家公司，这家公司也得到了很好的发展。

跟懒惰相对应的，是勤奋。几乎所有人都知道，勤奋是成功的最终秘诀，剥去成功表面那些五颜六色的技巧，其实骨子里留下的，还是勤奋的痕迹。所以我们一定要消除自身的惰性，要牢记，一切成功都是从勤奋开始的。

# 第七章　付出才会有回报

## 告别懒惰

> 时间是最公平合理的，它从不多给谁一分，勤劳者能叫时间留下串串果实，懒惰者只能让时间留给他们一头白发，两手空空。
>
> ——高尔基

　　成功与懒惰相对立，两者之间不能共存，要想让成功光顾你，就必须要告别懒惰。

　　一个懒惰的人无论做任何事情都无法取得成功，他们永远一事无成。成功只青睐那些以辛勤的劳动与晶莹的汗水为荣的人，正如肥沃的田里不种稻子就会生满野草一样，好逸恶劳的人心中长满野草，从而荒芜了人生。任何好的结果，都需要靠勤奋努力才能收获，勤奋是通往成功的要素。

美国著名小说家马修斯说:"勤奋工作是我们心灵的修复剂,它是对付愤懑、忧郁症、情绪低落、懒散最好的武器。有谁见过一个精力旺盛、生活充实的人会苦恼不堪、可怜巴巴呢?英勇无敌、对胜利充满渴望的士兵是不会在乎一点儿小伤的。当你的精神专注于一点,心中只有自己的事业,其他不良情绪就不会侵入进来。而空虚的人,其心灵是空荡荡的,四门大开,不满、忧伤、厌倦等各种负面情绪,就会乘虚而入,侵占你整个心灵,挥之不去。"

同样的一种环境,同样的一件事情,勤奋的人总是能又快又好地完成,从来不会因为任何外在因素影响到自己,而懒惰的人在做事时总是三心二意,懒散拖拉,并且还会想尽办法为自己找借口推脱。我们来了解一下懒惰给人们带来的不良习惯吧!

懒惰的人永远都觉得时间不够用,又觉得时间过得好漫长。怎么会是这样呢?因为他的懒惰,平时不愿意多思考,多学习,到干起活儿来的时候不是这里不会就是那里不懂,效率当然就要比别人慢了很多,别人干完了,他还在那里苦苦地熬。还有一种人就是接到任务后爱拖沓,把今天的活儿拖到明天,明天的活儿拖到后天,这样的人就是在浪费时间,可是他却不这么认为,他把工作时间用在了聊聊天儿、听听歌上面,

## 第七章　付出才会有回报

当然了,工作中是应该有适当的休息,但是不能过分,凡事都要有个度,该干什么就干什么。还有一种人就是没有一点儿责任感,眼里没有一点活儿,能推就推,能不干就不干,自然他的时间就用不完,因为别人都在忙的时候,他无所事事,所以他觉得他的时间很充裕,不过这样的人,就是在虚度光阴。

懒惰的人还容易嫉妒别人的成就,心灵变得灰暗。因为他懒惰,什么也得不到,当看到勤奋的人满载而归的时候,自己一无所有就会心生嫉妒。而他看到的只是事物的表象,看到别人获得了财富,他会认为这不过是别人比自己更幸运罢了;看到别人比自己更有知识和智慧,他就认为别人比自己更聪明,这样的人不明白没有努力是难以成功的。

阿尔伯特·哈伯德是世界畅销书《致加西亚的信》的作者,在他年轻的时候,曾经修理过自行车,卖过词典,做过家庭教师、书店收银员、出纳,还当过清洁员。在他看来,他的工作都很简单,不费精力,而且是下贱和廉价的,但后来,他知道自己的想法是错误的,正是因为他有了这些工作的经验,才留给了他很多珍贵的教诲。

他在做出纳的时候,有一次,他把顾客的购物款记录下来，完成了老板布置的任务后就和别的同事聊天，老板走来，示意他跟上来。然后，老板自己就一言不发地整理那批已订出去的货，然后又把柜台和购物车清空了。

就是这样一件事，彻底改变了阿尔伯特·哈伯德的观念，他明白了不仅要做好自己的本职工作，还应该再多做一点儿，哪怕老板没有要求的，去发现那些需要做的工作。阿尔伯特·哈伯德一直遵循这样的方法和积极主动工作的心态，这使他变得更优秀。

因为时间不能像财富一样可以积累，可以储存，它是我们衡量生命长度的一个标准，所以时间是用生命来衡量的，善于运用时间也就是把握生命；时间也是不能倒流的，它对每个人都很公平，但也是无情的，时光的流逝会让我们衰老，如果不珍惜时间，悄悄溜走的时光不仅带走我们的青春，也带走了本该属于我们的机会。机会不会花力气去等待那些浪费时间偷懒的人，懒惰的人总是觉得自己没有机会，抱怨自己没时间，即使是千载难逢的机遇也毫无用处；勤奋的人总是不懈地在努力，从小事中寻找机会，将平凡变成奇迹。

刚10岁的钢铁大王安德鲁·卡内基为了给家里分担一些负

## 第七章　付出才会有回报

担,他选择了进入工厂做童工,当时他进入了一家纺织厂,每月只有7美元的薪水。为了挣到更多的钱,安德鲁·卡内基又找了一份烧锅炉和在油池里浸纱管的工作,这份工作每个月只比纺织厂多挣3美元。油池里的气味令人发呕,加煤时锅炉边的热气,使安德鲁·卡内基光着的身子不停流汗,可是他一点儿都不在乎,仍然努力地工作着。当然,他心里很不愿意就这样度过一生。

为了能找到挣钱更多的工作,安德鲁·卡内基在劳累一天后,晚上仍然要坚持去夜校参加学习,每周有3次课。正是这每周3次的复式会计知识课给安德鲁·卡内基成立他巨大的钢铁王国打下了坚实的基础。

1849年,安德鲁·卡内基迎来了他的第一次机会。那年冬天,他刚从夜校回家,姨夫给他带来了一个很好的消息,说匹兹堡市的大卫电报公司需要一个送电报的信差。安德鲁听到这个消息,非常高兴,因为他知道机会来了。

一天后,安德鲁穿上了他很长时间都不舍得穿的皮鞋和衣服,在父亲的带领下来到了大卫电报公司。安德鲁为了给面试者一个良好的形象,他让父亲在大门口停了下来,他对父亲说:"我想一个人进去面试,父亲你就在外面等我吧!我对自己有信心。"其实,安德鲁这样做不只是给面试者一个好的形象,更加重要的是他害怕自己的父亲说些不得体的话冲撞了主管,使他失去这次机会。

安德鲁一个人到了二楼面试,面试的人正好是大卫电报公司的拥有者大卫先生,大卫对这个面试者先是打量了一番,然后问安德鲁:"匹兹堡市区的街道,你都熟悉吗?"

安德鲁对于匹兹堡市的街道一点儿都不熟悉,但他语气坚定地对大卫说:"不熟悉,但我保证在一个星期内熟悉匹兹堡的全部街道。"然后又对他自己的形象补充道:"我个子虽然很小,但比别人跑得快,您不用担心我的身体,我对自己很有信心。"

大卫对于安德鲁的回答非常满意,然后笑着说:"好吧,我给你每月12美元的薪水,从现在起就开始上班吧!"

大卫的认可,使安德鲁的人生迈出了第一步,而这时的安德鲁才14岁,对于现在的人来说,14岁刚好从小学毕业进入初

## 第七章　付出才会有回报

中的学堂。

一个星期很快过去了,安德鲁也实现了对大卫先生的承诺,他完全熟悉了匹兹堡的大街小巷。安德鲁在熟悉了市内街道一星期后,又完全熟悉了郊区的大小路径,就这样安德鲁在一年后升职为管理信差的管理者。

安德鲁在工作中的勤奋很快得到了大卫的赏识。一天,大卫先生单独把安德鲁叫到了办公室,对他说:"小伙子,你比其他人工作更加努力、勤奋,我打算给你单独算薪水,从这个月开始你将会得到比别人更多的薪水。"当时安德鲁很高兴,那个月他得到了20美元的薪水,对于15岁的卡内基来说,这20美元可是一笔巨款。

在工作期间,安德鲁每天都提前一至两个小时到公司,他会把每一间房屋都打扫一遍,然后悄悄地跑到电报房去学习打电报。对于这段时间安德鲁非常珍惜,正是这样日复一日地学习,他很快就掌握了收发电报的技术,以后的日子他的技术越来越好。后来安德鲁成了公司里首屈一指的优秀电报员,而且职位再一次得到了提升。

在电报公司工作的这段时间，对于安德鲁来说是他"爬上人生阶梯的第一步"。在当时，匹兹堡不仅是美国的交通枢纽，更是物资集散中心和工业中心。电报作为先进的通信工具，在这座实业家云集的城市里有着极其重要的作用。安德鲁每天行走在这样的环境里，使他对各种公司间的经济关系和业务往来都非常熟悉，也使他在无形中学到了更多的经验，对他日后的事业很有益处。

安德鲁的成功完全取决于他的勤奋。从他为实现自己的理想开始奋斗的那一刻起，他就没有一丝懒惰，正是因为他日积月累的勤奋，为他赢取了更多的发展机会与上升空间。

把懒惰视为生命的杀手一点儿都不夸张，有它的存在，生命就会失去意义。正如有人所说："懒惰、好逸恶劳是万恶之源，懒惰会吞噬一个人的心灵，就像灰尘可以使铁生锈一样，懒惰可以轻而易举地毁掉一个人，乃至一个民族。"

第七章　付出才会有回报

## 天才即是无止境的勤奋

> 天才是百分之九十九的汗水和百分之一的灵感化合而成的。

我们每个人都向往天才，羡慕他们取得的成就。其实不必这样，我们之所以不能成为天才，是因为还没有找到自己最确切的目标，另外，还说明我们下功夫的火候欠佳。古往今来，哪一个天才人物不是经过持之以恒的劳动才换来的呢？

约翰·施特劳斯是享誉世界的"圆舞曲之王"。1872年，美国聘请他去演出，为了欢迎约翰·施特劳斯的到来，他们特意为他建造了一座可以容纳10万听众和2万表演者的演出大厅。

那是一场盛大的表演，为了让这次表演很好地举行，主办方给约翰派了100个助手，表演场上，约翰被这100个助手完全围在中间。对于这次表演约翰回忆说："当我站在总指挥的谱架前，我看着坐台上多达10万的美国听众，我非常兴奋。当炮声响起时，我知道音乐会开始了。随着我的手势开始，我的100个助手也仿效我的手势动起来。这是我终生难忘的一个大场面，当这场表演结束时，那10万听众兴奋地大声叫着，这次演出对于我来说，是我生平最难忘的，同时这次表演也是音乐史上罕见的盛举。"

约翰的一生是勤奋的，他总共写了400多首乐曲，因为约翰的成就，人们给他冠予了"圆舞曲之王"的美誉。对于这样的称呼，约翰谦逊地说："我的成就，只在于我把前辈那里所继承的所有经验加以扩充罢了。"可事实并非如此，他那些动人的圆舞曲并不能使人们忘记他给大家带来的快乐和希望。

虽然约翰受到了许多人的爱戴、称赞，但是获得崇高荣誉的约翰并没有因此而骄傲，在他年近70岁的时候，他仍然保持着自己的习惯，每天都在为新曲子做思考；每天都在重复着年轻时所拥有的习惯。

因为约翰的勤奋,他的一生总是充满希望、充满成就的。一次有人对约翰说:"你是最幸福的人,我只能指挥一些属于我范围之内的人,而你的音乐使所有喜欢音乐的人都陶醉在你的指挥棒下。"约翰对此只说了这样的一句话:"苹果虽然甜蜜,但有多少人知道它内心有多少苦核呢?"

是啊,有多少人知道成功背后的秘密呢?

苏联作家高尔基说过:"天才就是劳动,人的天赋就像火花,它既可以熄灭,也可以旺盛地燃烧起来,它成为熊熊烈火的方法只有一个,那就是劳动。"所以,坚持不懈地劳动可以成就一个天才,它虽然是一件苦差事,但却是成功的必经之路,正所谓:不经历风雨,怎能看到彩虹?

人们都想成为天才,都想有一番作为的理想是可贵的,但如果不想流汗,只想轻松地去摘取劳动果实的话,这是不现实的,无异于天方夜谭。一个人如果能够以忘我的精神,勤恳地去做事业,就要以勤奋不断地鞭策自己,与自己的惰性彻底地拜拜。

我国古人对此很早就有深刻的体会,说什么"吃得苦中苦,方为人上人""天上不会掉下馅饼"等。

曹雪芹为了写巨著《红楼梦》,付出了10年的光阴。为此，他注入了很多心血，正如他所言："字字看来皆是血，十年辛苦不寻常。"这也算是他对后世一个最郑重的交代，《红楼梦》对文学的影响是深远而无可替代的，很多文学青年对曹雪芹也是崇拜之极。

法国天才作家福楼拜曾经住在一个靠近法国塞纳河畔的别墅里，在那里，福楼拜常常是通宵达旦地奋笔疾书，书桌上的那盏灯彻夜不熄，很多打鱼的渔民都把他书桌上的那盏灯当作"灯塔"。很多渔民船长说："在这段航线上，要想不迷失方向，就可以以福楼拜先生的灯光为目标。"正是福楼拜这种勤奋写作的精神，使他成为闻名于世的作家，其很多作品对后人产生了极大影响。

唐代大诗人李白认为只要勤奋，即使铁杵也能磨成针。伟大的革命导师马克思，为了写作《资本论》花了40多年的时间，仔细钻研过的书籍竟有1000多种。在写作的过程中，他几乎每天都要跑到图书馆去查阅大量的详细资料，他晚上经常工作到深夜。天长日久，把图书馆的地板都踏出一条沟印。经过勤奋地学习和研究，最后终于完成了具有重要影响的巨著《资本论》。

卡莱尔说:"天才就是无止境的、刻苦勤奋的能力。"我们都听过"闻鸡起舞"的故事,说的是祖逖小的时候是一个勤奋习剑的少年,半夜里一听到鸡叫,就赶快起来,习武练剑。年复一年,从没间断。终于,他的勤奋刻苦换来回报:他有了统兵打仗的本领,后来被封为将军。

我国著名数学家华罗庚在一首词中写道:"难?最怕刻苦与顽强,年继年,战果数不完。"很多被认为是天才的科学家在身居恶劣的成长环境中,靠的就是不断地打拼、奋斗才取得了令世人瞩目的成就。

## 付出才有回报

无论任何人想取得成功都要付出不懈地努力，只有这样才能有所收获。每个人所得到成果的大小和他付出的努力是平等的，这里面根本就不存在巧合和幸运，辛勤和努力才是最关键的一点。我们不能用侥幸心理去等待，只有靠辛勤和努力为自己创造机会才是最正确的选择。

当我们问到那些已经成功的人：你们成功的秘诀是什么？大部分人会这样回答你："是勤奋。"这样的回答虽然有一些简洁，可它说明了勤奋在获得成功中的重要性，这些成功人士用他们的经验说明了另外一点。他们说："之所以我们能取得现在这样的成就，能拥有这样的财富和我们平时付出的努力是分不开的，我们每一次收获里面都蕴藏着努力的汗水，是勤奋创造了这一切。"

## 第七章　付出才会有回报

比尔·盖茨曾这样说道:"要当一个亿万富翁,必须积极地努力,积极地奋斗。富豪从来不拖延,也不会等到有朝一日再去行动,而是今天就动手去干。他们忙忙碌碌尽其所能地干了一天之后,第二天又接着干,不断努力直到成功。"

付出才会有回报,勤奋努力是我们赢取一切的要素。没有哪个懒惰的人会做成大事。我们一定要牢记:一分耕耘,一分收获。

很久以前,有一个叫雷特的人,他听说有人在萨文河畔散步时发现了金子并发了财。于是,他和很多人一样怀着发现金子的梦想走向萨文河畔,希望在那儿发现金子,并成为一个富有的人。雷特和很多人到了萨文河畔,他们寻遍了整个河床都没有发现金子,又在河床上挖了许多大坑,希望能挖出金子,可是他们失望了。最后大部分人都怀着失落的心情返回了家乡。

也有一小部分人不甘心,他们在心里想为什么那个人能找到金子,我们却找不到呢。于是,他们驻扎下来继续在河床上寻找着金子。雷特也是这一小部分人中的一个。他在河床上选了一块没有人占领的土地继续寻找金子。雷特为了找到金子,把所有的家产都押了上来,可是半年后,他没有找到金子,其他人也没有找到金子，只是在他们所占领的土地上留下了许多坑洼。

后来，雷特放弃了寻找金子的梦想，他选择离开这儿，到其他地方去谋求生路。在他将要离开的那天晚上下起了大雨，大雨一下就是三天，当第四天雷特走出小屋时，他发现小屋前坑坑洼洼的土地已经不在了，面前所展现出的是一块平整松软的土地。

看着面前的土地，雷特心里出现了一种想法：在这里没有找到金子，但是这样的土地种上植物应该会生长得很好，可以种一些蔬菜或鲜花拿到镇上卖给有钱人，他们对于装饰家里和吃新鲜的蔬菜应该会舍得花钱吧！

雷特的想法改变了他一生，他下定决心不走了，他要在这儿种出金子。他花了很大的精力，培育蔬菜和花苗。不久后，他那块土地上长满了许多美丽的鲜花和各种各样的新鲜蔬菜。当他把那些蔬菜和鲜花拿到市场上卖时，许多人都称赞鲜花漂亮、蔬菜新鲜。雷特的生意非常好，地里的蔬菜和鲜花几天就卖完了，看到市场的潜力，雷特又买了许多土地，并且扩大了销售范围。

几年后,雷特实现了他的梦想,他寻到了属于自己的金子,成了一个富翁。

雷特是唯一一个找到金子的人。别人在这儿找不到金子便离开了,雷特却把金子种在这块土地上,通过他的勤奋、努力终于获取了财富。

"辛勤耕耘,才有所得",这正是雷特给我们带来的启示。一个人的成功有多种因素,环境、机遇、学识等外部因素固然都很重要,但更重要的是依赖自身的努力与勤奋。缺少勤奋这一重要的基础,哪怕是天赐禀赋的鹰也只能栖于树上,望天兴叹。而有了勤奋和努力,即便是行动迟缓的蜗牛也能雄踞山顶,观千山暮雪,望万里层云。

# 第八章

# 走自己的路

# 第八章　走自己的路

## 依赖是生命的束缚

> 依赖的习惯，是阻止人们走向成功的绊脚石，要想成大事，你必须把它踢开。只有靠自己取得的成功，才是真正的成功。

马斯洛认为，一个完全健康的人的特征之一就是：充分的自主性和独立性。但有的人遇事首先想到别人，追随别人，求助别人，人云亦云、亦步亦趋。没有自恃之心，不敢相信自己，不敢自行主张，不能自己决断。

生活中存在着这样一些人，因为他们身上有某种缺陷，以为自己缺乏劳动能力，就对社会或是旁人产生依赖心理。殊不知不是你的缺陷误了你，而是你的依赖心理误了自己。

戏剧演员戴维·布瑞纳出身于一个贫穷但很和睦的家庭。在中学毕业时，他得到了一份难忘的礼物。

"我的很多同学得到了新衣服，有的富家子弟甚至得到了名贵的轿车。"他回忆说，"当我跑回家，问父亲我能得到什么礼物时，父亲的手伸到上衣口袋，取出了一样东西，轻轻地放在了我的手上，我得到了一枚硬币！

父亲对我说：'别人送给你的任何东西都是有限的，只有你自己才能赚下一个无限的世界。用这枚硬币买一张报纸，一字不落地读一遍，然后翻到分类广告栏，自己找一个工作。到这个世界去闯一闯，它现在已经属于你了。'我一直以为这是父亲同我开的一个天大的玩笑。几年后，我去部队服役，当我坐在散兵坑道认真回首我的家庭和我的生活时，我才认识到父亲给了我一种什么样的礼物。我的那些朋友们得到的只不过是轿车和新装，但是父亲给予我的却是整个世界。这是我得到的最好的礼物。"

无论别人给你再怎么好的礼物，你所得到的东西都是有限的，只有你自己才能赚下一个无限的世界。我们做任何事情都不要指望别人帮助，更不要把希望寄托在别人身上。雨果说："我

## 第八章　走自己的路

宁愿靠自己的力量打开我的前途,而不愿求有力者的垂青。"一味地依赖别人,只会使自己变得软弱,最终将一事无成。

一个做事总是喜欢依赖别人的人是一个可怜而孤独的人。他常常会四处碰壁,不被信任,不受欢迎,甚至会遭人鄙视,而这一切都是依赖所导致的恶果。依赖性情强的人就好比是依靠拐杖走路的不健康的人。

不能独立办成任何事情,便无从谈起把握自己的命运,命运之钥只能被别人操纵。这样的人,尚若有利用的价值,人家便会利用他。如果他的利用价值消失了,或者已经被别人利用过了,人家就会把他抛开,让他靠边站。只因为他太软弱无能,只因为他的心目中只能相信别人,不敢相信自己,更不敢自信胜过他人。倘若如此般度过一生,实在是枉为一生,太遗憾、太悲哀了。

依赖别人,意味着放弃对自我的主宰,这样往往不能形成自己独立的人格。如果在遇到问题的时候自己不愿动脑筋,人云亦云,或者盲目的从众,那么一个人就失去了自我,失去了本应该属于自己的一次撑起一片天的机会。

把成功的希望寄托在别人身上,永远都不可能取得成功,想要依靠别人来获取成功是不现实的。

苏联火箭之父齐奥尔科夫斯基10岁时，染上了猩红热，持续几天高烧，引起严重的并发症，使他几乎完全丧失了听觉，成了半聋。他默默地承受着附近孩子们的讥笑和无法继续上学的痛苦。

齐奥尔科夫斯基的父亲是个守林员，整天到处奔走。因此教他写字读书的担子就落到了妈妈的身上。通过妈妈耐心细致的讲解和循循善诱的辅导，他进步得很快。可是，当他正在充满信心地学习时，母亲却患病去世了，这突如其来的打击，使他陷入极大的痛苦中。他不明白，生活的道路为什么这么难，为什么不幸总是发生在自己的身上？他今后该怎么办？父亲摸着他的头说："孩子！要有志气，靠自己的努力走下去。"

是啊！学校不收、别人嘲弄，今后只有靠自己了！年幼的齐奥尔科夫斯基从此开始了真正的自学道路。他从小学课本、中学课本一直读到大学课本，自学了物理、化学、微积分、解析几何等课程。这样，一个耳聋的人，一个没有受过任何教授指导的人，一个从未进过中学和高等学府的人，由于始终如一的勤奋学习、刻苦钻研，终于使自己成了一个学识渊博的科学

## 第八章　走自己的路

家，为火箭技术和星际航行奠定了理论基础。

英国历史学家弗劳德说："一棵树如果要结出果实，必须先在土壤里扎下根。同样，一个人首先需要学会依靠自己、尊重自己，不接受他人的施舍，不等待命运的馈赠。只有在这样的基础上，才可能做出成绩。"想要依靠别人来取得成功是不现实的，那只能使你在变得软弱的同时，前途一片灰暗。路再远，再荆棘满途，只要自己去走，勇敢地去披荆斩棘，就一定能走到目的地。挫折的发生，必将带来人们信心的或大或小的打击，从而使人或自弃，或自轻，或自疑，因此便会产生依赖的心理。只有真正的自强自立者，才能从打击的阴影中走出来，重新恢复自己的信心，凭借自己的力量开出一片天地。

## 抛开依赖的扶手

> 人多不足以依赖，要生存只有靠自己。
> 
> ——拿破仑

面对这个竞争而纷乱的年代，我们要有积极的人生观，发挥最大的潜能，将自己带上高峰，虽死无悔、虽败犹荣。而在整个奋斗的过程中，最大的敌人不是外面的，而是自己。尤其是对那些过去曾受尽呵护，而必须独立面对未来的年轻人，他们必须战胜自己的依赖心理。

这种毛病若不革除，不但会影响到事业发展，对各个方面的独立性都会产生很大的负面影响。

一名学习成绩非常优秀的学生毕业后获得了去美国工作

## 第八章 走自己的路

的机会，但由于她在家的时候，在生活方面过于依赖父母，所以，到美国没多久便因为无法打理自己的生活，放弃了这次良好的机会。

在生活中，类似的事情多有发生，我们经常会看到一些人因为之前过于依赖别人，当离开别人的帮助后，便无法正常的生活、工作。无论做任何事情，依赖他人是难以取得真正的成功的，也许有一部分人靠别人的帮助获取了一定的成就，但他总有失去帮助的那一天，到那时他就会发现，依靠别人盖起的高楼就如没有地基一样，一次小小的颠簸就会将其毁灭。依靠别人的帮助，永远无法真正实现自己的梦想，通过别人帮助获取来的东西只能是暂时的，只有通过自己努力收获的东西才是永久的，稳固的。

人的一生注定会充满坎坷，尤其对于一个渴望成功的人而言，其苦难会更多。要想战胜这些困难，唯一的办法就是让自己变得坚强、独立，用自己的力量去面对一切困难，只有这样才能在困难中磨炼出更加强大的你，最终赢得真正属于自己的成功。

有一天，龙虾与寄居蟹在深海中相遇，寄居蟹看见龙虾正在把坚硬的外壳脱掉，只露出娇嫩的身躯。寄居蟹非常紧张地说:"龙虾,你怎么可以把唯一保护自己身躯的硬壳放弃呢?难道你不怕大鱼一口把你吃掉吗?以现在的情况来看,连急流也会把你冲到岩石上去,到时候你不被撞个粉碎才怪呢!"

龙虾气定神闲地回答说:"谢谢你的关心,但你不了解,我们龙虾每次成长,都必须要把坚硬的外壳脱掉,这样才能生长出更加坚硬的外壳,现在面对危险,只是为将来发展得更好而做准备。"

寄居蟹细心思想一下,自己整天只找可以避居的地方,而没有想过如何让自己成长得更强壮,整天只活在别人的保护之下,难怪永远都限制自己的发展。

其实,一直靠别人的帮助而前进,只会使自己越来越软弱,试试自立起来,自己走走吧。你想跨越自己目前的成就,请不要划地限制,勇于接受挑战充实自我,你一定会发展的比你想象中更好。

## 第八章　走自己的路

## 自力更生

> 依赖他人，总是以为很多事都有人为我们做而自己不去努力，正是这种想法使我们滋生了依赖的心理。

在我们身边总是有些人在四顾等待，但是他们并不知道等的是什么。只是冥冥中希望家人、朋友能给予金钱上的帮助，或者等那个被称为"发迹""运气"的东西来帮他们一把。

要知道，等着别人的金钱与帮助，等着好运降临在自己身上的人是成不了大事的。只有自尊、自强、自立的人才能走进成功的大门。

陶行知说："滴自己的汗，吃自己的饭。自己的事情自己干，靠人靠天靠祖上，不算是好汉。"布迪曼也曾这样说道：

"最本质的人生价值就是人的独立性。"一个人只有学会自立才有可能成功,否则永远都是一个长不大的孩子。学会自立可以让我们更有信心,也可以让我们活得更有尊严。凡是成大事的人,没有一个不是依靠自己的力量。或许他们有显赫的家世,或许他们有雄厚的资本,但这只能说明他们比别人的条件好,要想到达成功的巅峰,必须依靠自己。

富兰克林是美国著名的科学家,他小时候家境十分贫寒,他在12岁的时候就到哥哥开的小印刷厂去做学徒。他特别爱学习,就连排字也成了他学习的机会。后来,他认识了几个在书店当学徒的小伙计,便经常通过他们借些书看。他天生聪颖,随着阅读量的增加,渐渐地能写一些东西了。

在他15岁的时候,哥哥创办了一份叫《新英格兰新闻》的报纸,上面经常刊登一些文学小品,非常受读者欢迎。小富兰克林也想一试身手,于是他便用化名写了一些文章,然后趁无人之时放在印刷厂的门口。第二天哥哥来了发现之后,便请些人点评,他们一致认为是极好的文章,有的甚至怀疑这是出自名家之笔。从那之后,富兰克林的文章便经常见诸报端,但一直没有人知道这些文章的真实作者是谁。有一天,哥哥为了弄清真相,便趁夜深人静之时偷偷地藏在印刷厂的门口,他做梦

## 第八章　走自己的路

也没有想到，这位名家居然就是自己的小弟弟。

大仲马和小仲马是法国文坛上的两棵奇葩，小仲马的《茶花女》发表之后，有些评论家甚至认为这部作品的价值远远超过了大仲马的代表作《基度山伯爵》。

当时的大仲马已是一个家喻户晓的人物，在法国文坛上具有很高的地位。有一天，他得知小仲马寄出的稿子多次被出版社退回，便对他说："下次你寄稿时，随稿附给编辑一封信，只要告诉他们你是我的儿子，情况就会好多了。"但小仲马很倔强，他没有听从父亲的话，他认为应该依靠自己的力量。为了避免别人猜到他就是大名鼎鼎的大仲马的儿子，他还给自己起了10多个其他姓氏的笔名。

他的稿件一次次地被退回，但他没有灰心，仍然执着地追逐着自己的文学梦。后来，他的长篇小说《茶花女》寄出后，终于以其巧妙的构思和精彩的文笔得到了一位资深编辑的青睐。这位编辑与大仲马有过多年的书信来往，当他发现作者与大仲马的地址一模一样时，开始还以为这是大仲马另取的笔名，但他很快就发现这部小说的风格与大仲马的完全不同。于是，他怀着极大的好奇心，乘车来到了信中所写的地址。当他得知原来书稿的作者就是大仲马的儿子小仲马时，便问他为何不用真名，小仲马回答说："我只想拥有真实的知名度。"这位编辑对小仲马的这种做法赞叹不已，而小仲马也凭自己的实力登上了法国文坛的最高峰。

越是这样的人，越懂得自食其力的重要性，否则，他们也不会被称之为"伟人"了。

但是生活中，我们大多数的人却喜欢怨天尤人，自己没有成功，不是怪自己不努力，而是说自己命不好。而别人成功呢则是上天对他的厚爱。其实，命运是掌握在自己手中的，又有什么必要去怨天尤人呢？

有一个读书人，非常苦闷，便来到寺庙向一位高僧诉苦。他告诉高僧自己总是背运，几次考试都名落孙山，家里仅有的一点儿财产也被小偷偷去，而父母也因病离他而去，如今，孤孤单单只剩一个人，感叹自己命运不济，恨苍天对他不公。

高僧微笑："把手拿过来，我替你看一看手相。"读书人很听话地把手伸了过去。老和尚拿着他的手像模像样地给他分析起来。读书人聚精会神地听着，说完之后，老和尚让读书人把手合起来，而且越合越紧。

"那三条线现在哪里?"老和尚突然问。

"我手里呀!"读书人机械地回答着。

"那命运呢?"读书人惊讶地张大了嘴巴,恍然大悟。

命运在我们自己手中,所以我们更应该学会自立。否则,只会任人摆布。

人,首先要学会自立,只有学会自立,才能活出人的尊严。经常看到有些人,逢人便讲,自己的后台有多么厉害,看到他们喜形于色的样子,我不仅替他们感到悲哀。别人再好,但那只是别人的,那不是你的,有什么必要去洋洋自得?毕竟,一个人只有靠自己的本事,才能赢得别人的尊重。虽然有句俗话,叫作"背靠大树好乘凉",但是,树总有老去的时候,也有被人砍伐的时候,更有遭遇天灾的时候,到那时,恐怕就是"树倒猢狲散了"。

## 自己路自己来设计

生命当自主,一个永远遵从别人意志的人,享受不到创造之果的甘甜。自主是创新的激素、催化剂。人生的悲哀,莫过于别人替自己选择,结果成为被别人操纵的机器,从而失去自我。

自己的人生路究竟该由谁来设计?

因为我们活在这个世界上并不是一个孤立的个体,我们身边有很多跟自己有关系的人:父母、亲人、老师、同学、朋友,他们关心着我们,爱护着我们,所以很多时候,我们无法完全按照自己的想法来做事、来生活,我们还要考虑他们的感受、他们的幸福;于是,我们遵从着心中做人的准则,遵从着忍让谦和的理念,把自己的想法深深埋在心里,按照别人的意

第八章　走自己的路

思设计我们自己的人生路。

　　小时候,我们把自己的一些大事都交给父母决定,因为我们希望认同自己的父母,把父母视为心中的楷模,而父母也常根据孩子能否接受他们的价值观来奖励或惩罚他们。

　　直到长大了,我们有权利、有力量选择自己的人生时,我们的一些重大决定还是会受到家庭和朋友的影响,有时候我们甚至没有了自主的权利。作为一个有能力负起责任的人来说,我们更应该遵从家庭的意愿而不是我们自己的意愿,因为我们心中懂得了让家人幸福是我们不可推卸的责任。小时候,妈妈说我是个很听话的孩子,其实我并不是心里真的愿意听她的话,只是因为知道妈妈的艰辛,不忍惹她生气。她叫我好好念书,我就每次都把奖状领回家;她叫我不要出去玩,我就乖乖地待在家里……长大了,妈妈说我没有以前听话了,其实并不是不再顾及她的感受,只是因为有了不同于她的人生观。

　　成功者总是自主性极强的人,他们总是自己担负起生命的责任,而绝不会让别人驾驭自己。他们懂得必须坚持原则,同时也要有灵活运转的策略。他们善于把握时机,摸准"气候",适时适度、有理有节。如有时需要"该出手时就出手",积极奋进,有时则需稍敛锋芒,缩紧拳头,静观事态;

有时需要针锋相对，有时又需要互助友爱；有时需要融入群体，有时又需要潜心独处；有时需要紧张工作，有时又需要放松休闲；有时需要抗衡，有时又需要果断退兵；有时需要陈述己见，有时又需要沉默以对；有时要善握良机，有时又需要静心守候。人生中，有许多既对立又统一的东西，能辩证待之，方能取得人生的主动权。

我们只有自己掌握前进的方向，才能把握住自己的目标，才能让我们的目标得以实现。当然，在这个过程中，我们必须学会独立思考，坚持己见。只有我们有了自己的主见，我们才会懂得自己解决自己的问题。所以说，我们活着，就不应该相信有什么救世主，不应该信奉什么神仙和上帝，只有我们自己才能拯救自己，只有我们不断完善我们自己的品质，我们才会有所作为，才会成为一个对社会有所贡献的人。

我们只有完善自我品质，才能傲立于世，才能不断开拓自己的新领域，才能得到他人的认同。我们只有完善自我品质，才能驾驭自己的命运，才能控制自己的情感、规范自己的行为，分配好自己的时间和精力。另外，我们要自主地对待求学、就业、择友，这是成功的要义。只有我们做到这一切，才能克服依赖性，才不会处于任人摆布的境地，才不会让别人推

## 第八章　走自己的路

着前行。

有一位妻子忙着在厨房做饭,忽然发现没有火腿了,于是她叫丈夫到商店买火腿。回来后,妻子发现火腿的末端还在上面,于是,妻子就问他为什么不叫肉贩把火腿末端切下来。丈夫反问他太太为什么要把末端切下来。她说她母亲就是这么做的,这就是理由。这时,岳母正好来访,他们就问她为什么总是切下火腿的末端。母亲回答说她母亲也是这样。然后母亲、女儿、女婿就决定去拜访外祖母,来解决这个三代的神秘之谜。外祖母很快地回答说,她所以切下末端是因为当时的红烧烤炉太小,无法烤出整只火腿的缘故。

许多人也犯了同样的错误,他们总是觉得长辈或多数人采取相同的行动肯定万无一失,却不知道别人这样做的理由。他们遵循既定的方法与步骤,没有别的理由,就是因为"大家都是那样做的"。

吃自己的饭,走自己的路,做自己的事,何必凡事都跟别人一样呢,保持自己的特性不可以吗?

人若失去自己,则是天下最大的不幸;而失去自主,则是人生最大的陷阱。赤橙黄绿青蓝紫,你应该有自己的一方天地和独有的色彩。相信自己，创造自己，永远比证明自己重要得多。你无疑要在骚动的、多变的世界面前，打出"自己的牌"，勇敢地亮出你自己。你该像星星、闪电，像出巢的飞鸟，果断地、毫不顾忌地向世人宣告并展示你的能力、你的风采、你的气度、你的才智。